AF453810

THÉORIES

DES

OSCILLATIONS ÉLECTRIQUES

ENCYCLOPÉDIE
ÉLECTROTECHNIQUE

PAR

UN COMITÉ D'INGÉNIEURS SPÉCIALISTES

F. LOPPÉ, INGÉNIEUR DES ARTS ET MANUFACTURES

SECRÉTAIRE

THÉORIES

DES

OSCILLATIONS ÉLECTRIQUES

(Lord Kelvin, Kirchhoff, Maxwell, Hertz, etc., etc.)

PAR

Eug. VIGNERON

INGÉNIEUR-CONSEIL

PROFESSEUR ET CHEF DU LABORATOIRE DE L'ÉCOLE DES TRAVAUX PUBLICS,
DU BATIMENT ET DE L'INDUSTRIE

PARIS
ALBIN MICHEL
22, Rue Huyghens

1918

OSCILLATIONS ÉLECTRIQUES

CHAPITRE PREMIER

Généralités analytiques
sur les phénomènes ondulatoires.

Equation d'un mouvement vibratoire. — Les phénomènes dont nous allons nous occuper présentent cette difficulté particulière que les grandeurs en jeu n'affectent pas un aspect matériel sensible à nos sens de la vue et du toucher, mais qu'elles se présentent sous la forme d'entités que l'analyse seule de la question a successivement introduites. Ainsi, le courant est un *fluide analytique,* sa conception vient de ce qu'il se manifeste par des relations algébriques communes aux fluides matériels que la mécanique a étudiés. Cette conception permet d'illustrer élégamment les explications par diverses analogies heureuses, mais personne n'a scruté *matériellement* un courant et ce que l'on sait de cette entité, c'est que son assimilation à un fluide a permis d'établir des théories commodes en leur emploi. Nous allons bientôt être amenés à des formes d'équations que la mécanique avaient étudiées dans l'examen des phénomènes ondulatoires ; aussi, pour faciliter la compréhension de ce qui va suivre, il a paru nécessaire de donner des vues précises sur les phénomènes de cette nature ayant rapport à des objets matériels palpables.

Considérons un point M, mobile sur une droite, de masse m attiré proportionnellement à sa distance à un centre fixe 0, mais retardé par le frottement contre le milieu proportionnellement à sa vitesse,

nous aurons (fig. 1), en appelant x la distance du point M au point
0 à l'instant t, la relation immédiate suivante ([1]) :

$$m \frac{d^2x}{dt^2} = -2b^2 \frac{dx}{dt} - a^2.x \; ;$$

ou encore :

$$m \frac{d^2x}{dt^2} + 2\,b^2 \frac{dx}{dt} + a^2x = 0 \; ;$$

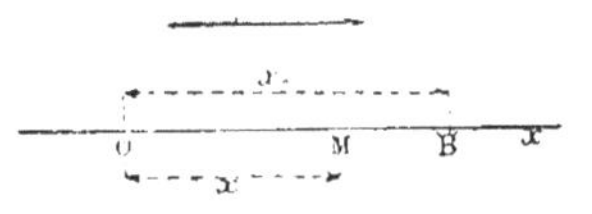

Fig. 1.

nous avons déjà rencontré une équation
analogue, fascicule IV, page 3, nous savons
que deux cas sont à considérer :

Premier cas :

$$b^4 - ma^2 \geqq 0,$$

Deuxième cas :

$$b^4 - ma^2 < 0 \; ;$$

en suivant l'analyse indiquée à la page précitée, on verra facilement
que, dans le premier cas, le point P tendra vers le point attirant 0
sans oscillation ; c'est le cas où le frottement du milieu est trop élevé
pour permettre le mouvement pendulaire, nous ne le retiendrons pas.

Dans le deuxième cas, nous aurions obtenu, après avoir préalablement posé $ma^2 - b^4 = m^2\omega^2$:

$$x = e^{-\frac{b^2 t}{m}} \left(C_1 e^{\omega . \sqrt{-1}.t} + C_2 e^{-\omega . \sqrt{-1}.t} \right), \qquad (1)$$

c'est-à-dire :

$$x = e^{-\frac{b^2}{m}t} \left[(C_1 + C_2) \cos \omega t + (C_1 - C_2). \sin \omega t . \sqrt{-1} \right],$$

d'autre part, nous savons que, comme condition initiale, à l'origine
du temps, c'est-à-dire lorsque t égale zéro, le point se trouve en B;
autrement dit, quand $x = x_0$, $\frac{dx_0}{dt} = 0$, ce qui entraine :

$$x_0 = C_1 + C_2$$
$$0 = -(C_1 + C_2) \frac{b^2}{m} + (C_1 - C_2) \omega \sqrt{-1},$$

___

[1] La résistance due au frottement est $-2\,b^2\frac{dx}{dt}$, si, en effet, M se déplace dans le sens
indiqué par la flèche, la résistance est bien positive. mais $\frac{dx}{dt}$ est négative ; si, au contraire,
M se déplace en sens contraire, la résistance est négative, alors $\frac{dx}{dt} > 0$.

d'où nous concluons :

$$x_0 = C_1 + C_2$$

$$\frac{b^2 x_0}{m \omega \sqrt{-1}} = C_1 - C_2$$

de sorte qu'en reportant dans l'égalité (1), nous obtenons :

$$x = e^{-\frac{b^2}{m} t} x_0 \left[\cos \omega t + \frac{b^2}{m.\,\omega} \sin \omega t \right];$$

posant alors :

$$\operatorname{tg} \varphi = \frac{b^2}{m\omega}, \quad \sin \varphi = \frac{b^2}{\sqrt{b^4 + m^2 \omega^2}}, \quad \cos \varphi = \frac{m\omega}{\sqrt{b^4 + m^2 \omega^2}}$$

nous déduisons :

$$x = x_0 \frac{\sqrt{b^4 + m^2 \omega^2}}{m\omega} . e^{-\frac{b^2}{m} t} \cos (\omega t - \varphi);$$

Cherchons ensuite à satisfaire à l'équation :

$$\frac{dx}{dt} = 0,$$

nous aurons :

$$\frac{b^2}{m\omega} \cos (\omega t - \varphi) + \sin (\omega t - \varphi) = 0,$$

c'est-à-dire :

$$\operatorname{tg} \varphi . \cos (\omega t - \varphi) + \sin (\omega t - \varphi) = 0$$

et finalement :

$$\sin \omega t = 0,$$

ce qui revient à écrire :

$$\omega t = k \pi,$$

on verra que deux séries de valeurs de t correspondent l'une à un maximum, l'autre à un minimum de x :

$$t_0 = 0 \qquad\qquad t_1 = \frac{\pi}{\omega}$$

$$t_2 = \frac{2\pi}{\omega} \qquad\qquad t_3 = \frac{3\pi}{\omega}$$

$$t_4 = \frac{4\pi}{\omega} \qquad\qquad t_5 = \frac{5\pi}{\omega}$$

$$\cdots\cdots\cdots \qquad\qquad \cdots\cdots\cdots$$

$$t_{2p} = \frac{2p\pi}{\omega} \qquad\qquad t_{2p+1} = \frac{2p+1}{\omega} \pi;$$

la différence entre deux valeurs de t consécutives donne :

$$t_{2p} - t_{2(p-1)} = t_{2p+1} - t_{2p-1} = \frac{2\pi}{\omega} = T \; ;$$

il est facile de voir qu'au facteur d'amortissement $e^{-\frac{b^2}{m}t}$ près, la fonction x est périodique et que la période est T ; avec ces notations, x s'écrit :

$$x = \frac{a \, x_0}{\sqrt{m}} \cdot \frac{T}{2\pi} e^{-\frac{b^2}{m}t} \cos\left(\frac{2\pi}{T}t - \varphi\right) ;$$

c'est l'équation qui donne l'*élongation* en fonction du temps, c'est-à-dire la distance du mobile au centre fixe attirant.

Dans le cas où le mobile se déplace dans un milieu dénué de frottement, c'est-à-dire lorsque $b = 0$, ce qui entraine :

$$m^2\omega^2 = ma^2 \qquad \text{ou} \qquad m\frac{4\pi^2}{T^2} = a^2,$$

par suite :

$$1 = \frac{a}{\sqrt{m}} \frac{T}{2\pi},$$

de plus :

$$\lg \varphi = 0 \qquad \text{et} \qquad \varphi = 0 ;$$

dans cette hypothèse donc, la formule se réduit à :

$$x = x_0 \cos \frac{2\pi}{T} t$$

la vitesse est alors :

$$v = -\frac{2\pi \, x_0}{T} \sin \frac{2\pi}{T} t = A \sin \frac{2\pi}{T} t.$$

Propagation du mouvement vibratoire. — L'observation révèle l'existence de la propagation des mouvements vibratoires dans un milieu élastique. Cette vibration peut affecter deux formes très différentes : le déplacement de l'élément vibrant peut être *longitudinal*, autrement dit, il peut être dans le sens même de la propagation, mais il peut être aussi *transversal* ou perpendiculaire à la direction même de la propagation.

Les ondes sonores dans les gaz, dans les liquides sont longitudinales ; nous aurons l'exemple de vibrations transversales en projetant verticalement une pierre à la surface d'une eau tranquille ; on verra nettement, autour du point ébranlé, se propager des ondes circulaires en déterminant des circonférences de rayons de plus en plus grands ; sur chacune de ces ondes une molécule d'eau effectue une oscillation alternativement de haut en bas et de bas en haut, c'est-à-dire perpendiculairement à la propagation. La lumière est produite par des vibrations transversales, comme le démontrent les expériences fondamentales de la polarisation de la lumière.

Exemple de vibrations longitudinales. — Nous allons prendre le cas d'une colonne cylindrique renfermant un fluide élastique ; nous supposerons que tous les points d'une même tranche P normale à l'axe soient animés de la même vitesse au même temps t. Considérons dans un tube dont nous désignerons la section par S (fig. 2), deux points P et P_1 ; si nous désignons par D la masse de l'*unité de volume* du fluide élastique, la masse limitée aux deux plans nouveaux passant par P et P_1 sera :

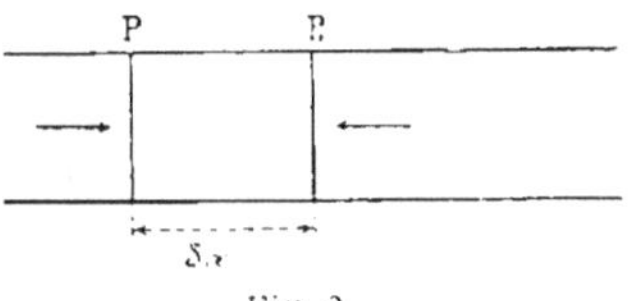

$$D.S.PP_1.$$

Appelons y l'élongation au temps t, la vitesse de déplacement est $\dfrac{dy}{dt}$ et son accélération $\dfrac{d^2y}{dt^2}$, de sorte que si P_1 est peu éloigné de P, de façon qu'il soit possible d'admettre que toutes les molécules comprises entre P et P_1 aient la même accélération ; nous aurons, en posant $PP_1 = \delta x$:

$$D.S.\delta x \frac{d^2y}{dt^2} = \text{force qui a occasionné le mouvement :}$$

Nous nous proposons de calculer cette force. Considérons, à cet effet, le volume compris au temps t entre deux éléments *très voisins* Q et Q_1 (fig. 3) ; au temps $t + dt$ ces deux plans sont venus en Q′ et $Q_2′$ c'est-à-dire que :

$$QQ_1 = dx$$

et en appelant y la variation d'élongation de Q de t à $t + dt$, nous aurons :

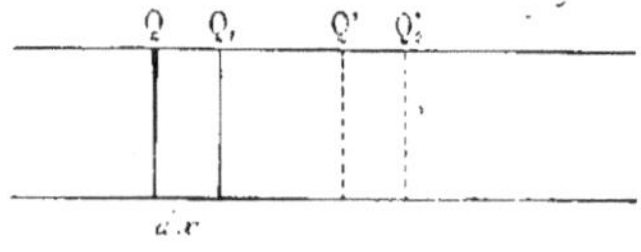

Fig. 3.

$$Q'Q'_2 = QQ'_2 - QQ',$$

c'est-à-dire :

$$Q'Q'_2 = dx + y + \frac{dy}{dx}\,dx - y = dx + \frac{dy}{dx}\,dx\,;$$

le volume Sdx est donc devenu :

$$S\left(dx + \frac{dy}{dx}\,dx\right)$$

et la *variation par unité de volume*, autrement dit *la condensation* est :

$$\frac{S.\dfrac{dy}{dx}\,dx}{S.dx} = \frac{dy}{dx}\,;$$

cette petite déformation a été occasionnée par une variation de la force élastique ; on admet que, pour *des déformations infiniment petites, la variation de la force élastique est proportionnelle à la condensation*. En appelant *coefficient d'élasticité* E le facteur de proportionnalité, nous pourrons adopter pour valeur de la variation F de force élastique :

$$F = E\frac{dy}{dx}.$$

Si nous reprenons alors la figure 2, nous pourrons voir que tout se passera comme si une force agissait sur la surface P normalement avec une intensité :

$$SE\frac{dy}{dx}\,;$$

sur la surface P_1, on pourra, également et pour la même raison, admettre l'existence d'une force agissant sur la surface P_1 normalement avec une intensité :

$$SE\left(\frac{dy}{dx} + \frac{d^2y}{dx^2}\,\partial x\right)\,;$$

En résumé, tout se passera donc comme si, sur le volume PP_1, agissait une force :

$$SE\frac{d^2y}{dx^2}\,\partial x\,;$$

on a calculé ainsi la force cause de la déformation de deux manières différentes, l'équation définitive s'exprimera donc :

$$D.S.\partial x.\frac{d^2y}{dt^2} = SE\frac{d^2y}{dx^2}\,\partial x$$

qui se réduira à l'équation aux différentielles partielles suivante :

$$D \frac{\partial^2 y}{\partial t^2} = E \frac{\partial^2 y}{\partial x^2}$$

Exemple de vibrations transversales. — Supposons que la position d'équilibre d'une corde élastique soit PQ (fig. 4), supposons de plus qu'un élément nn' se soit déplacé pour venir prendre la position mm', appelons ds la longueur de l'élément nn', y son élongation très petite, p la masse de la corde par unité de longueur, l'accélération de l'élément est $\frac{d^2 y}{dt^2}$ et le produit de cette accélération par la masse de l'élément sera :

$$p.ds \frac{d^2 y}{dt^2} ;$$

la force qui tend à ramener l'élément mm' vers sa position d'équilibre nn' est la composante perpendiculaire à PQ de l'ensemble des deux forces de tensions M' et M. Or, appelons F la force mM, et F_y la composante suivant Py :

$$F_y = - F \frac{dy}{ds} ;$$

au même instant, la composante suivant 0y de la force m'M', composante que nous appellerons F_y', sera :

$$F'_y = F \frac{dy}{ds} + \frac{d\left(F \frac{dy}{ds}\right)}{ds} \, ds ;$$

au même instant, la tension de la corde étant identique en tous les points, nous supposerons également F constant, ce qui est légitime, puisque, par hypothèse, le déplacement de la corde est extrêmement petit ; nous avons donc :

$$\frac{d\left(F \frac{dy}{ds}\right)}{ds} = F \frac{d^2 y}{ds^2},$$

finalement cette composante suivant oy de l'ensemble des forces de tension est :

$$F \frac{d^2 y}{ds^2} ds$$

et nous obtenons l'équation aux dérivées partielles :

$$p \frac{\partial^2 y}{\partial t^2} = F \frac{\partial^2 y}{\partial s^2}.$$

C'est la même forme ([1]) que celle déjà obtenue dans l'étude de la propagation des vibrations longitudinales.

Intégration de l'équation des cordes vibrantes. — La solution générale de cette équation sera ([2]) :

$$y = \varphi_1 (x + Vt) + \varphi_2 (x - Vt),$$

---

[1] Si D est la densité et S la section de la corde, on aura :

$$\frac{F}{p} = \frac{F}{D.S}.$$

Lamé pose $\frac{F}{S} = \mu$ et appelle coefficient de cisaillement l'expression μ.

[2] Pour résoudre l'équation aux différentielles partielles suivantes :

$$A \frac{\partial^2 U}{\partial t^2} = B \frac{\partial^2 U}{\partial x^2},$$

on emploie la méthode suivante indiquée par d'Alembert ; on pose

$$\xi = x + Vt,$$
$$\eta = x - Vt ;$$

en ces égalités V est supposé constant, puis on effectue le changement de variables, on a ainsi successivement :

$$\frac{\partial U}{\partial t} = \frac{\partial U}{\partial \xi} . V - \frac{\partial U}{\partial \eta} . V$$

$$\frac{\partial^2 U}{\partial t^2} = V^2 \left(\frac{\partial^2 U}{\partial \xi^2} + \frac{\partial^2 U}{\partial \eta^2} \right) - 2 V^2 \frac{\partial^2 U}{\partial \xi . \partial \eta}$$

$$\frac{\partial U}{\partial x} = \left(\frac{\partial U}{\partial \xi} + \frac{\partial U}{\partial \eta} \right)$$

$$\frac{\partial^2 U}{\partial x^2} = \frac{\partial^2 U}{\partial \xi^2} + \frac{\partial^2 U}{\partial \eta^2} + 2 \frac{\partial^2 U}{\partial \xi . \partial \eta}$$

par suite :

$$(AV^2 - B) \left(\frac{\partial^2 U}{\partial \xi^2} + \frac{\partial^2 U}{\partial \eta^2} \right) = 2 (AV^2 + B) \frac{\partial^2 U}{\partial \xi . \partial \eta} ;$$

en ayant soin de poser :

$$V^2 = \frac{B}{A},$$

on aura :

$$\frac{\partial^2 U}{\partial \xi . \partial \eta} = 0$$

dont la solution évidente est :

$$U = \varphi_1 (\xi) + \varphi_2 (\eta) ;$$

φ_1 et φ_2 étant des fonctions absolument quelconques qui seront déterminées par les conditions à remplir aux limites, il en résulte que U prendra la forme définitive :

$$U = \varphi_1 (x + Vt) + \varphi_2 (x - Vt).$$

Dans le cas où l'on suppose $\varphi_1 = 0$, on obtient la relation :

$$U = \varphi_2 (x - Vt)$$

qu'on appelle formule de Newton.

φ_1 et φ_2 étant deux fonctions quelconques dont la forme sera déterminée par les conditions limites ; quant à V, nous aurons pour les vibrations longitudinales d'un gaz élastique :

$$V = \sqrt{\frac{E}{D}}$$

et pour les vibrations transversales de cordes vibrantes :

$$V = \sqrt{\frac{\mu}{D}}.$$

PREMIER CAS. — Considérons d'abord le cas où une des fonctions φ_1 ou φ_2 est nulle, alors, dans le cas des vibrations longitudinales, nous aurons :

$$y = \varphi_2 (x - Vt) \qquad \text{avec} \qquad V = \sqrt{\frac{E}{D}} ;$$

nous allons démontrer que V est la vitesse de propagation du mouvement vibratoire dans le milieu élastique considéré. En effet, l'élongation d'un point x au temps $t = 0$ est :

$$y = \varphi_2 (x) ;$$

on peut écrire encore, en posant $l = Vt$:

$$y = \varphi_2 (x + l - Vt) ;$$

cette égalité exprime l'élongation du point qui, au temps t, est situé à une distance $x + l$; *ainsi, entre les élongations des points aux distances x et $x + l$ considérées, le premier au temps 0, le second au temps t, il y a donc absolue identité.*

Si cette élongation est représentée par une sinusoïde, cette courbe se sera transportée parallèlement à elle-même avec une vitesse V. Comme application de cette remarque, considérons le mouvement pendulaire dont l'élongation et la vitesse ont été calculées au début de ce chapitre, page 8, puis cherchons à former les équations qui donneront cette élongation et cette vitesse pour un point P situé à la distance Z de *l'origine du mouvement vibratoire* ; d'après ce que nous venons de voir, la vitesse a, en ce point, la même valeur que celle qu'elle possédait à l'origine un temps t' auparavant ; comme le mouvement se propage avec une vitesse V, nous aurons :

$$t' = \frac{Z}{V} ;$$

l'équation de la vitesse en M est donc :

$$v = A \sin \frac{2\pi}{T} (t - t'),$$

c'est-à-dire, après avoir posé $VT = \lambda$:

$$v = A \sin 2\pi \left(\frac{t}{T} - \frac{Z}{\lambda} \right) ;$$

quant à x, il serait exprimé par la formule :

$$x = x_0 \cos 2\pi \left(\frac{t}{T} - \frac{Z}{\lambda} \right)$$

Telles sont les deux formules qui représentent l'état vibratoire au temps de P situé à la distance Z de l'origine.

La quantité λ est ce qu'on appelle la *longueur d'onde*, c'est l'espace parcouru par le mouvement vibratoire pendant la durée de la période T.

Deuxième cas. — Si la fonction eût été complète, nous eussions eu à considérer :

$$y = \varphi_1 (x + Vt) + \varphi_2 (x - Vt).$$

Si, dans l'hypothèse où, pour $x = 0$, les deux fonctions φ se réduisent à deux fonctions périodiques, nous aurions, pour obtenir la valeur de l'élongation au temps t relativement au point situé à la distance x de l'origine, à effectuer la transformation suivante obtenue en posant préalablement :

$$\alpha = \frac{x}{\lambda}, \qquad \lambda = VT,$$

T étant la période commune, nous déduisons :

$$y = \varphi_1 \left(\alpha\lambda + \lambda\frac{t}{T} \right) + \varphi_2 \left(\alpha\lambda - \lambda\frac{t}{T} \right) ;$$

mais λ étant une constante, cette relation se transformera ainsi :

$$y = \Psi_1 \left(\alpha + \frac{t}{T} \right) + \Psi_2 \left(\alpha - \frac{t}{T} \right),$$

ou encore :

$$y = \Psi_1 \left(\frac{x}{\lambda} + \frac{t}{T} \right) + \Psi_2 \left(\frac{x}{\lambda} - \frac{t}{T} \right) ;$$

on voit ainsi que y résulte de la superposition de *deux ondes marchant en sens inverse avec la même vitesse* V.

Supposons que, pour $x = 0$, nous ayons :

$$\Psi_1\left(\frac{t}{T}\right) = A_1 \cos \frac{2\pi}{T} t, \qquad \Psi_2\left(\frac{t}{T}\right) = A_2 \cos \frac{2\pi}{T} t \ ;$$

dans ces conditions, nous aurons :

$$\Psi_1\left(\alpha + \frac{t}{T}\right) = A_1 \cos 2\pi \left(\alpha + \frac{t}{T}\right) = A_1 \cos 2\pi \left(\frac{x}{\lambda} + \frac{t}{T}\right),$$

tandis que :

$$\Psi_2\left(\alpha - \frac{t}{T}\right) = A_2 \cos 2\pi \left(\alpha - \frac{t}{T}\right) = A_2 \cos 2\pi \left(\frac{x}{\lambda} - \frac{t}{T}\right),$$

de sorte que :

$$y = A_1 \cos 2\pi \left(\frac{x}{\lambda} + \frac{t}{T}\right) + A_2 \cos 2\pi \left(\frac{x}{\lambda} - \frac{t}{T}\right).$$

CAS PARTICULIER. — *Ondes stationnaires.* — Lorsque $A_1^2 \lessgtr A_2^2$, la valeur prise par y dépendra du temps et de la distance x ; lorsqu'au contraire $A_1 = \pm A_2$, il se présentera une particularité intéressante à signaler que va faire ressortir le calcul ; posons donc :

$$A_1 = A_2 = A,$$

de sorte que :

$$y = A \left[\cos 2\pi \left(\frac{x}{\lambda} + \frac{t}{T}\right) + \cos 2\pi \left(\frac{x}{\lambda} - \frac{t}{T}\right) \right],$$

d'où :

$$y = 2A \cos 2\pi \frac{x}{\lambda}. \cos 2\pi \frac{t}{T} \ ;$$

on lit sur cette formule que, pour toutes les valeurs de x telles que :

$$2\pi \frac{x}{\lambda} = (2n + 1) \frac{\pi}{2},$$

c'est-à-dire, pour toutes les valeurs de x telles que :

$$x = (2n + 1) \frac{\lambda}{4},$$

nous aurons une élongation nulle *à tous instants*, tandis que les points correspondant aux valeurs de x suivantes :

$$2\pi \frac{x}{\lambda} = n\pi,$$

ou encore :

$$x = n \frac{\lambda}{2},$$

on se trouvera en présence de points présentant cette propriété d'avoir, *à tous instants*, les plus grandes élongations en *valeur absolue*.

On dit que ce cas présente le phénomène des *ondes stationnaires*,

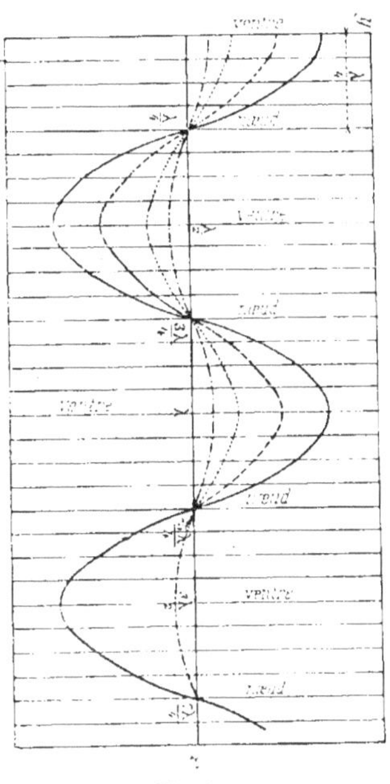

Fig. 5.

les points d'élongations nulles à tous instants s'appellent des *nœuds* et les points d'élongation maximum s'appellent des *ventres*. La figure 5 illustre le résultat obtenu : on voit que les ondes sont stationnaires, que les sinusoïdes, s'enflent, puis se résorbent d'une façon périodique.

Dans le cas où on aurait pris :

$$A = -A_2 = A$$

on aurait obtenu pour élongation :

$$y = 2A \sin 2\pi\frac{x}{\lambda} \sin 2\pi\frac{t}{T} \; ;$$

les conclusions eussent d'ailleurs été les mêmes.

Si une corde tendue modérément entre ses deux extrémités est serrée solidement à l'aide d'une pince au quart, par exemple, de sa longueur à partir de A, pendant tout le temps qu'on la fait vibrer avec un archet, cette corde donnera nettement l'image matérielle des ondes stationnaires, dès qu'on enlèvera la pince. On verra apparaître alors quatre concamérations égales présentant pendant la vibration quatre ventres et cinq nœuds dont A et B.

Un tuyau sonore fermé à une extrémité illustre le phénomène des ondes stationnaires. — On démontre en acoustique, expérimentalement, qu'un tuyau fermé de longueur déterminée agit comme un résonateur, c'est-à-dire renforce un son déterminé ; ceci tient à ce que la vibration *propre* du tuyau, c'est-à-dire la vibration que le tuyau adoptera naturellement après une *percussion unique*, peut *s'engrener*, par suite s'entretenir, avec une vibration extérieure de même période que celle de sa vibration propre. Avec une vibration extérieure dont la période et celle de la vibration propre du tuyau forment un rapport incommensurable, le tuyau sera sollicité à vibrer par les chocs successifs dus à la vibration extérieure, ces chocs seront, la moitié du temps, convenablement effectués pour amplifier la vibration du tuyau, tandis qu'au cours de l'autre moitié de temps, ces chocs ne feront que contrarier la vibration que le tuyau, sous l'effet des chocs antérieurs, avait esquissé déjà ; le résultat sera que le tuyau ne vibrera pas.

Considérons un tuyau fermé vibrant sous l'action d'un son dont la période est T (fig. 6) ; si le son est produit par un diapason D, on démontre expérimentalement que les élongations déterminées dans l'air par le déplacement des branches du diapason sont de la forme :

$$y = A \cos \frac{2\pi}{T} t ;$$

au fond, en BB′, l'élongation est toujours nulle, car une élongation y rebondit sur BB′ avec la valeur — y, de sorte que l'élongation réfléchie détruit l'élongation incidente ; en somme, la réaction de BB′ fait que

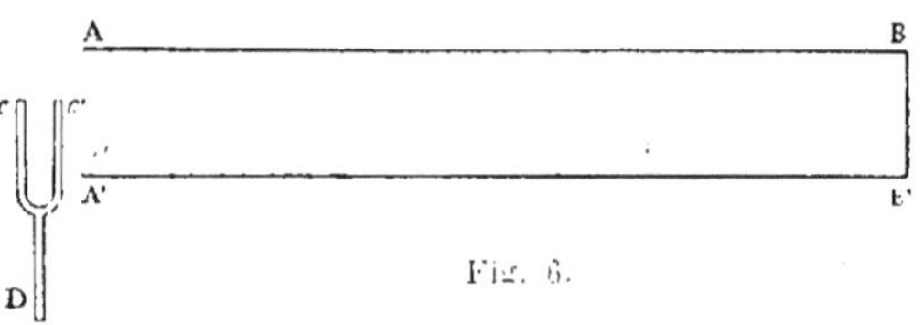

la masse d'air qui vient frapper BB′ reçoit en sens inverse un choc de valeur identique. Ainsi chaque vibration qui vient frapper BB′ donne aussitôt naissance à une vibration identique se propageant *en sens contraire.*

Ceci posé, nous avons vu que le mouvement vibratoire est fourni par la relation :

$$y = \Psi_1\left(\frac{x}{\lambda} + \frac{t}{T}\right) + \Psi_2\left(\frac{x}{\lambda} - \frac{t}{T}\right),$$

dans laquelle d'ailleurs :

$$\lambda = VT ;$$

prenons le fond du tuyau comme origine des longueurs x, écrivons qu'au fond l'élongation totale est toujours nulle *quel que soit t* :

$$\Psi_1\left(\frac{t}{T}\right) + \Psi_2\left(-\frac{t}{T}\right) = 0 ;$$

prenons t' tel que :

$$\frac{x}{V} = -t',$$

x étant la distance d'un certain point quelconque du tuyau à partir du fond de ce tuyau ; dans ces conditions, nous pouvons écrire :

$$\Psi_1\left(\frac{t}{T} - \frac{x}{VT}\right) + \Psi_2\left(-\frac{t}{T} + \frac{x}{VT}\right) = \sigma_1,$$

c'est-à-dire que :

$$\Psi_2\left(\frac{x}{\lambda} - \frac{t}{T}\right) = -\Psi_1\left(-\frac{x}{\lambda} + \frac{t}{T}\right)$$

et y peut s'écrire ainsi :

$$y = \Psi_1\left(\frac{x}{\lambda} + \frac{t}{T}\right) - \Psi_1\left(-\frac{x}{\lambda} + \frac{t}{T}\right).$$

Sous cette forme, les deux ondes identiques, mais de sens inverse, dont il a été question plus haut sont mises nettement en évidence, la première partie de cette élongation :

$$y_1 = \Psi_1\left(\frac{x}{\lambda} + \frac{t}{T}\right)$$

est celle que le diapason a provoqué, cette élongation a pour expression, pour $x = l$, l étant la longueur du tuyau :

$$A \cos \frac{2\pi}{T} t = \Psi_1\left(\frac{l}{\lambda} + \frac{t}{T}\right).$$

Remplaçons t par $t - \dfrac{l}{V}$, nous aurons :

$$A \cos \frac{2\pi}{T}\left(t - \frac{l}{V}\right) = \Psi_1\left(\frac{l}{\lambda} + \frac{t}{T} - \frac{l}{VT}\right) = \Psi_1\left(+\frac{t}{T}\right),$$

c'est-à-dire :

$$A \cos 2\pi \left(\frac{t}{T} - \frac{l}{\lambda}\right) = \Psi_1\left(\frac{t}{T}\right) ;$$

remplaçons l dans les deux membres par :

$$T\left(\frac{x}{\lambda} + \frac{t}{T}\right) ;$$

nous aurons :

$$\Psi_1\left(\frac{x}{\lambda} + \frac{t}{T}\right) = A \cos 2\pi \left(\frac{x - l}{\lambda} + \frac{t}{T}\right) ;$$

nous en déduisons :

$$\Psi_1\left(-\frac{x}{\lambda} + \frac{t}{T}\right) = A \cos 2\pi \left(-\frac{x + l}{\lambda} + \frac{t}{T}\right)$$

et y devient :

$$y = A \left[\cos 2\pi \left(\frac{x - l}{\lambda} + \frac{t}{T} \right) - \cos 2\pi \left(-\frac{x + l}{\lambda} + \frac{t}{T} \right) \right],$$

ou encore :

$$y = 2A \sin 2\pi \frac{x}{\lambda} . \sin 2\pi \left(\frac{l}{\lambda} - \frac{t}{T} \right) ;$$

or, pour qu'il y ait résonance, ou renforcement à l'ouverture du tuyau, il faut que la vibration réfléchie ne vienne jamais contrarier la vibration produite par le diapason ; autrement dit, il faut que la vibration réfléchie s'engrène nettement en ce point avec la vibration produite par le diapason ; donc :

$$\cos 2\pi \frac{t}{T} = \sin 2\pi \frac{x}{\lambda} . \sin 2\pi \left(\frac{l}{\lambda} - \frac{t}{T} \right)$$

cette expression est vérifiée en faisant $\frac{l}{\lambda} = \frac{t}{T}$, on déduit :

$$\cos 2\pi \frac{l}{\lambda} = 0,$$

ce qui entraine la condition :

$$2\pi \frac{l}{\lambda} = (2n + 1) \frac{\pi}{2} ;$$

ou l'équivalente :

$$l = (2n + 1) \frac{\lambda}{4},$$

ce qui s'exprime en disant : *Pour qu'un tuyau fermé résonne sous l'influence d'un son, il faut que la longueur du tuyau soit égale à un nombre impair de fois le quart de la longueur d'onde.*

On voit que les nœuds sont à des distances du fond du tuyau données par la relation :

$$\sin 2\pi \frac{x}{\lambda} = 0, \qquad \text{ou} \qquad 2\pi \frac{x}{\lambda} = n'\pi,$$

c'est-à-dire à des distances fournies par la formule :

$$x = \frac{n' \lambda}{2} ;$$

quant aux ventres, la distance de leur emplacement au fond du tuyau est donnée par la formule :

$$\sin 2\pi \frac{x}{\lambda} = \pm 1,$$

soit :

$$x = (2n'' + 1) \frac{\lambda}{4} ;$$

on est donc bien en présence d'*onde stationnaire*. Le problème, toutefois, pour être analysé complètement, exige qu'on tienne compte de l'influence des bords du tube.

Dans le cas d'un tuyau ouvert, on arriverait à cette conclusion que la longueur du tuyau sonore doit être égale à *un nombre impair de fois la demi-longueur d'onde* (1).

Propagation dans un milieu indéfini isotrope. — Supposons que l'ébranlement se produise radialement à partir d'un centre d'ébranlement 0, à la façon d'ailleurs des sphères pulsantes de Bjerkness. Le phénomène doit présenter la même allure en toutes les directions, par suite, les ondes affecteront la forme de surfaces sphériques de même centre,, c'est-à-dire que les surfaces lieux des points correspondant, *au même instant*, à des systèmes identiques de valeurs de toutes les constantes physiques de la matière, seront des sphères.

De plus, si nous concevons par la pensée une infinité d'arêtes issues de 0, nous obtiendrons un nombre très grand de pyramides infinitésimales et l'hypothèse de l'isotropie entraînera la conséquence suivante : toute partie de matière qui se trouve en une des pyramides à un moment quelconque, s'y trouvera encore à tout autre instant, le mouvement radial seul étant concevable dans le cas de l'*isotropie*. Il résulte de cette remarque que rien ne changera dans l'allure du phénomène, si nous supposons les faces de ces pyramides infinitésimales solidifiées, mais d'une épaisseur infiniment petite d'ordre supérieur ; autrement dit, nous n'aurons pas à nous préoccuper dans l'étude de la question des actions qui ne seraient pas dirigées dans le sens des rayons.

Ceci admis, supposons toutes ces petites pyramides régulières à quatre faces latérales, (2) puis considérons une couche infiniment mince limitée par deux surfaces d'ondes voisines de rayon r et $r + dr$; une

---

(1) La houle de mer présente un phénomène ondulatoire bien nette, elle est produite par l'action du vent sur la mer ; tant que le vent souffle, il se forme à la surface de la mer des ondulations qu'on nomme vagues ou lames. Si le vent vient à cesser, l'eau reste sous la seule influence de la pesanteur et de ses forces d'inertie, les ondulations persistent, mais affectent une forme très simple. L'ensemble de ces ondulations s'appelle houle de mer ; à tout instant, on aperçoit des crêtes et des creux en des emplacements variables avec le temps, *la houle n'est pas une onde stationnaire*.

La houle de mer étudiée par F. de Gerstner et surtout par M. Boussinesq a pour profil une trochoïde elliptique ; la houle de mer est une *oscillation propre* de la mer, mais constitue une *onde progressive*. Si la houle de mer vient rencontrer une paroi plane verticale parallèle à la ligne des crêtes, il se produit une onde réfléchie qui, s'ajoutant à l'onde arrivant, détermine le phénomène du clapotis : le clapotis est constitué par une *onde stationnaire* ; dans ce cas, les crêtes et les creux ne sont pas visibles à tout instant, mais quand ils apparaissent, c'est en emplacements bien déterminés qui n'éprouvent avec le temps aucune variation de position.

(2) Le lecteur est prié de faire la figure.

de ces pyramides infinitésimales découpera sur la sphère de rayon r un carré de côté α ; le volume commun à la couche et à la pyramide a pour expression :

$$U = \alpha^2.dr.$$

Sur tous les points de la base inférieure de ce petit volume règne *à l'état de repos une même pression* p_0 ; si E est le coefficient d'élasticité, la pression actuelle est $p_0 + \text{E}.c$, en appelant c la condensation aux points considérés. En tous les points de la base supérieure règne une pression actuelle de valeur $p_0 + \text{E}\,(c + dc)$; la force radiale cause du mouvement sera donc donnée par l'expression :

$$(p_0 + \text{E}.c)\,\alpha^2 - (p_0 + \text{E}c + \text{E}.dc)\,\alpha_1{}^2$$

qui se réduit à sa partie principale :

$$- \text{E}.dc.\alpha^2.$$

Si D est la masse de l'unité de volume de la matière, nous aurons pour l'équation du mouvement, en appelant y l'élongation de la vibration au moment actuel :

$$\alpha^2.dr.\text{D}.\frac{d^2y}{dt^2} = - \alpha^2.\text{E}.\frac{dc}{dr}.dr,$$

ou, en posant, $\dfrac{\text{E}}{\text{D}} = \text{V}^2$:

$$\frac{d^2y}{dt^2} = - \text{V}^2\frac{dc}{dr}.$$

Calculons $\dfrac{dc}{dr}$, appelons ω l'angle solide de la petite pyramide, le volume déjà calculé s'exprime ainsi :

$$U = 4\pi r^2.dr.\omega\ ;$$

pendant le mouvement, r et $r + dr$ deviennent $r + y$ et $r + y + dr + \dfrac{dy}{dr}.dr$, le volume devient donc :

$$U + dU = 4\pi\,(r+y)^2\omega\left(dr + \frac{dy}{dr}dr\right),$$

nous en déduisons (1) :

$$c = - \frac{dU}{U} = -\left(\frac{dy}{dr} + \frac{2y}{r}\right)\ ;$$

l'équation du mouvement est donc définitivement :

$$\frac{\partial^2y}{\partial t^2} = \text{V}^2\left(\frac{\partial^2y}{\partial r^2} + \frac{2}{r}\frac{\partial y}{\partial r} - \frac{2y}{r^2}\right)\ ;$$

---

(1) En remarquant que $\dfrac{y}{r}$ et $\dfrac{dy}{dr}$ sont infiniment petits grâce à l'hypothèse qu'on ne considère que de faibles déformations.

lorsque r croît indéfiniment, on retrouve l'équation différentielle des ondes planes déjà établie pages 11 et 12. La démonstration précédente est dûe à Gouy.

L'intégrale générale [1] de cette équation est de la forme :

$$y = \frac{1}{r^2}\, \varphi_1\,(\mathrm{V}t - r) + \frac{1}{r}\, \varphi_1{}'\,(\mathrm{V}t - r) + \frac{1}{r^2}\, \varphi_2\,(\mathrm{V}t + r) - \frac{1}{r}\, \varphi_2{}'\,(\mathrm{V}t + r),$$

φ_1 et φ_2 désignant des fonctions arbitraires de $(\mathrm{V}t - r)$ et de $(\mathrm{V}t + r)$.

Phénomène du battement. — Phénomène d'interférence. — Supposons qu'un même objet élémentaire : particule de gaz ou volume élémentaire d'éther considéré en optique et en électricité, reçoive deux sollicitations distinctes à vibrer, la première y_1 répondant à l'équation différentielle :

$$\frac{\partial^2 y_1}{\partial t^2} = \mathrm{V}^2 \frac{\partial^2 y_1}{\partial x_2},$$

la seconde y_2 répondant à l'équation différentielle :

$$\frac{\partial^2 y_2}{\partial t^2} = \mathrm{V}^2 \frac{\partial y_2}{\partial x^2},$$

d'où on déduit :

$$\frac{\partial^2 (y_1 + y_2)}{\partial t_2} = \mathrm{V}^2 \frac{\partial^2 (y_1 + y_2)}{\partial x^2},$$

ce qu'on exprime en disant que *deux mouvements vibratoires de même nature peuvent se superposer sans se nuire réciproquement.*

Cette démonstration suppose V^2 *constant*, or V^2 est le quotient de deux quantités dont on n'a pu admettre la constance que grâce à *l'hypothèse des faibles déformations* que les vibrations entraînaient. *Le théorème ci-dessus n'est donc vrai que pour les petits mouvements.*

Battements. — Ceci posé, le lecteur démontrera alors facilement qu'on peut remplacer n vibrations parallèles par une vibration unique. Si les vibrations parallèles ne sont pas de même période, la première aura pour expression d'élongation :

$$y_1 = \mathrm{A}_1 \cos \frac{2\pi}{\mathrm{T}} t \,;$$

---

[1] Pour résoudre cette équation, poser $y = \frac{\partial u}{\partial r}$, puis $u = \frac{v}{r}$, on trouvera alors :

$$\frac{\partial^2 v}{\partial t^2} = \mathrm{V}^2 \frac{\partial^2 v}{\partial r^2}, \text{ etc., etc.}$$

la seconde aura pour élongation :

$$y_2 = A_2 \cos\left(\frac{2\pi}{T'}t + \delta\right);$$

posons :

$$\frac{2\pi}{T'} = \frac{2\pi}{T} + \varepsilon;$$

dans ces conditions :

$$y_2 = A_2 \cos\left(\frac{2\pi}{T}t + \varepsilon t + \delta\right)$$

et

$$y_3 = y_1 + y_2 = [A_1 + A_2 \cos(\varepsilon t + \delta)]\cos\frac{2\pi}{T}t - A_2 \sin\frac{2\pi}{T}t . \sin(\varepsilon t + \delta);$$

posons encore :

$$A_3 . \cos\varphi = A_1 + A_2 \cos(\varepsilon t + \delta),$$
$$A_3 \sin\varphi = A_2 \sin(\varepsilon t + \delta),$$

d'où :

$$\left\{\begin{array}{l} y_3 = A_3 \cos\left(\frac{2\pi}{T}t + \varphi\right) \\ A_1{}^2 + A_2{}^2 + 2AA_1 \cos(\varepsilon t + \delta) = A_3{}^2; \end{array}\right.$$

ainsi l'amplitude A_3 sera le troisième côté d'un triangle dont A_1 et A_2 seront les autres côtés, avec $\beta = \pi - (\varepsilon t + \delta)$ comme angle compris entre ces deux côtés ; or β *varie constamment* de sorte que A_3 est compris entre un maximum :

$$A_1 + A_2$$

et un minimum :

$$A_1 - A_2;$$

ce minimum peut d'ailleurs être nul. Pour les valeurs de t correspondant au maximum, A_3 peut être grand, mais devenir très petit pour les valeurs de t correspondant au minimum ; si les deux vibrations sont des vibrations acoustiques de périodes très peu différentes, l'oreille percevra un son qui, périodiquement, s'enflera puis diminuera d'intensité jusqu'à un minimum pour recommencer ensuite le cycle ; on dit que les deux sons produisent un *battement*.

Entre un maximum et un minimum consécutifs, il s'écoule un temps constant ; en effet :

Pour le maximum, on a :

$$\varepsilon t + \delta = 2n\pi,$$

pour le minimum :

$$\varepsilon (t + \theta) + \delta = (2n + 1)\pi.$$

Donc :

$$\theta = \frac{\pi}{\varepsilon} = \frac{1}{\dfrac{2}{T'} - \dfrac{2}{T}} = \frac{1}{2}\frac{TT'}{T - T'}.$$

Sur la figure 7, nous avons reproduit les battements de deux vibrations dont les élongations maxima sont respectivement 17,5 et 12,5 ; la somme et la différence de ces élongations maxima sont 30 et 5.

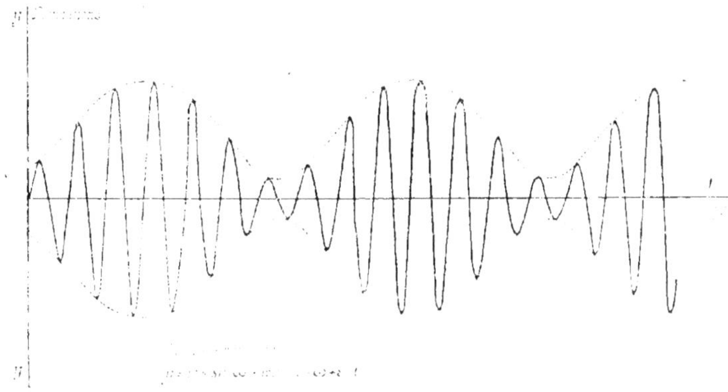

Fig. 7.

INTERFÉRENCES. — Si deux vibrations de même période sont telles qu'*en un point* elles sont parallèles, égales, mais de signe contraire à *tous les instants*, elles se neutralisent donc en *ce point*; on dira qu'en *ce point*, on est en présence d'une *interférence*. Comme exemple d'interférences, nous citerons celles obtenues avec la lumière par l'intermédiaire des miroirs de Fresnel, ou les biprismes du même physicien ; nous ne nous étendrons pas plus longuement sur ce point pour ne pas sortir de notre sujet, nous nous contenterons de renvoyer le lecteur aux traités d'optique physique. Nous indiquerons toutefois que la mesure des distances sur un écran de deux raies lumineuses séparées par la raie obscure d'interférence a permis à Fresnel de déterminer les longueurs d'onde des divers rayons ; le tableau ci-dessous donne les longueurs d'onde des principaux rayons :

Longueur d'onde du rouge en micron	0,6 micron
Longueur d'onde du jaune en micron	0,5 micron
Longueur d'onde du violet en micron	0,4 micron
Longueur d'onde de l'ultra-violet en micron	0,1 micron
Longueur d'onde des rayons de Rœntgen en micron	0,0001 micron

Le chiffre donné pour la longueur d'onde des rayons de Roentgen a été fourni à la suite des expériences de M. de Broglie en France et de MM. Lane, Friedrich et Knipping en Allemagne.

Or, on sait que :

$$\lambda = VT,$$

avec $V = 3 \times 10^{11}$ millimètres ; donc :

$\dfrac{1}{T_r}$ = nombre de périodes dans l'éther relatives à la couleur rouge, par seconde. Ce nombre est égal à 5.10^{14}..

$\dfrac{1}{T_j}$ = nombre de périodes du jaune par seconde. Ce nombre est égal à 6.10^{14}.

$\dfrac{1}{T_v}$ = nombre de périodes du violet par seconde. Ce nombre est égal à $7,5.10^{14}$.

En acoustique, on définit le la normal en ce qu'il donne 435 vibrations complètes par seconde, la vitesse du son dans l'air est 330 mètres par seconde, donc la longueur d'onde du la est 76 centimètres.

Phénomènes de résonance. — Prenons le cas d'un appareil oscillant quelconque, une grosse cloche de cathédrale, par exemple ; si un enfant tire en mesure sur la corde en s'astreignant à ne faire effort qu'*aux seuls instants* où la corde descendra naturellement, il arrivera en quelques minutes à donner à cette masse énorme un mouvement oscillatoire très ample, alors que plusieurs hommes solides seraient incapables, en un *seul effort coordonné*, de la déplacer de façon appréciable.

L'enfant, dans notre exemple, a produit un effort extérieur rythmique dont la fréquence, ou le nombre de reproductions à la seconde, est précisément égal à la fréquence de la vibration naturelle de la cloche.

Etudions analytiquement le phénomène, nous devrons, en reprenant les notations ([1]) du quatrième fascicule, chapitre premier, écrire que les couples dus à l'inertie, au frottement, à la réaction de l'appareil contre la déformation subie compense le couple alternatif extérieur de la forme :

$$M = a \cos \Omega t + b \sin \Omega t,$$

de sorte que :

$$K \frac{d^2\theta}{dt^2} + A \frac{d\theta}{dt} + B\theta = a \cos \Omega t + b \sin \Omega t \,;$$

([1]) Nous rappelons que θ est la déviation de la partie mobile, K le moment d'inertie de cette partie mobile, A $\frac{d\theta}{dt}$ le couple de frottement, Bθ le couple de réaction contre la déformation subie.

pour simplifier, supposons $a = 0$, et :

$$\frac{A}{K} = 2m, \qquad \frac{B}{K} = n^2 \qquad \frac{b}{K} = b_1 ;$$

nous obtenons ainsi la relation :

$$\frac{d^2\theta}{dt^2} + 2m\frac{d\theta}{dt} + n^2\theta = b_1 \sin \Omega t ;$$

la solution générale de cette équation a été indiquée au fascicule 4, page 13 ; elle est :

$$\theta = e^{-mt}\left\{ \mu' \cos \omega t + \nu' \sin \omega t \right\} + \alpha \cos \Omega t + \beta \sin \Omega t,$$

en laquelle [1] :

$$\begin{cases} \alpha = \dfrac{-2b_1 m\Omega}{(n^2 - \Omega^2)^2 + 4m^2\Omega^2} \\[2mm] \beta = \dfrac{b_1(n^2 - \Omega^2)}{(n^2 - \Omega^2)^2 + 4m^2\Omega^2} \\[2mm] \omega^2 = n^2 - m^2 \end{cases}$$

nous avons vu, fasc. 4, page 13, que $\omega = \dfrac{2\pi}{T}$, T étant la période propre de l'appareil oscillant ; μ' et ν' sont des constantes arbitraires ; le premier terme est évanouissant, de sorte qu'au bout d'une durée plus ou moins longue, on aura :

$$\theta = \frac{b_1}{\sqrt{(n^2 - \Omega^2)^2 + 4m^2\Omega^2}} \sin (\Omega t - \varphi) ;$$

en posant :

$$\operatorname{tg} \varphi = \frac{2m\Omega}{n^2 - \Omega^2},$$

nous pouvons encore écrire :

$$\theta = \frac{b_1}{2m.\Omega} \sin \varphi . \sin (\Omega t - \varphi).$$

L'amplitude θ du mouvement excité sera la plus grande possible, lorsque :

$$n^2 = \Omega^2 ;$$

c'est-à-dire quand $\sin \varphi = 1$: or, si T_1 est la période du couple M excitateur, nous avons :

$$T_1 = \frac{2\pi}{\Omega} = \frac{2\pi}{n} = \frac{2\pi}{\sqrt{\omega^2 - m^2}} = \frac{2\pi}{\omega} \frac{1}{\sqrt{1 + \dfrac{m^2}{\omega^2}}}$$

---

(1) θ est partagé en deux vibrations, la première qui ne dépend que de l'appareil oscillant s'appelle l'oscillation libre, l'autre s'appelle l'oscillation forcée.

et, par conséquent :

$$T_1 = T \dfrac{1}{\sqrt{1 + \dfrac{m^2}{\omega^2}}},$$

si donc m, *sans être nul*, est extrêmement petit par rapport à ω, autrement dit, si l'amortissement est extrêmement faible, ce qui est réalisable facilement, on aura pratiquement :

$$T_1 = T.$$

L'amplitude est donc maximum, lorsque la période d'oscillation du couple excitateur est égale à ce que serait la période du système oscillant, si l'amortissement du mouvement était supposé nul.

L'appareil oscillant est dit alors en résonance sous l'action du couple excitateur, la définition de la résonance peut s'énoncer maintenant en toute sa généralité : la résonance est le phénomène *qui se produit lorsqu'un corps élastique est soumis à un effort rythmique, ou périodique, dont la période est dans un rapport simple avec la période d'oscillation propre du corps élastique.*

Energie fournie à l'appareil oscillant. — La puissance instantanée fournie est exprimée par le produit du couple extérieur par la vitesse angulaire $\dfrac{d\theta}{dt}$; cette puissance est donc :

$$\frac{b^2 \sin\varphi}{A} \sin \Omega t . \cos (\Omega t - \varphi)$$

et l'énergie fournie au cours d'une période T_1 est donnée par l'expression :

$$W = \frac{b^2 . \sin\varphi}{A} \int_0^{T_1} \sin \Omega t . \cos (\Omega t - \varphi)\, dt,$$

c'est-à-dire :

$$W = \frac{b^2 \sin^2\varphi}{2A} T_1,$$

de sorte que la puissance moyenne w fournie à l'appareil oscillant pendant la période est :

$$w = \frac{b^2 \sin^2\varphi}{2\,A}.$$

Dans le cas de la résonance, nous aurons :

$$w'_{rés} = \frac{b^2}{2A},$$

et nous déduisons pour le rapport σ des deux puissances moyennes :

$$\sigma = \frac{w'}{w'_{rés}} = \sin^2\varphi.$$

Etude de la variation de σ en fonction des variations de $\frac{\Omega}{\omega}$. — Nous avons pour expression de $\sin^2\varphi$:

$$\sigma = \sin^2\varphi = \frac{4m^2\Omega^2}{(n^2 - \Omega^2)^2 + 4m^2\Omega^2};$$

or, le décrément logarithmique λ du mouvement d'oscillation propre de l'appareil oscillant est donné (fasc. IV, page 8) par la formule :

$$\lambda = m\frac{T}{2},$$

c'est-à-dire que :

$$m = \frac{\lambda}{\pi}\omega,$$

ou, en posant :

$$\frac{\lambda}{\pi} = \rho, \qquad m = \rho\omega;$$

d'autre part :

$$n^2 - m^2 = \omega^2,$$

c'est-à-dire :

$$n^2 = (\rho^2 + 1)\omega^2$$

et

$$n^2 - \Omega^2 = (\rho^2 + 1)\omega^2 - \Omega^2.$$

L'expression σ se transforme donc ainsi :

$$\sigma = \frac{4\rho^2\omega^2\Omega^2}{[(\rho^2 + 1)\omega^2 - \Omega^2]^2 + 4\rho^2\omega^2\Omega^2}$$

$$= \frac{1}{\frac{1}{4\rho^2}\left[(\rho^2 + 1)\frac{\omega}{\Omega} - \frac{\Omega}{\omega}\right]^2 + 1}$$

et, en posant $\frac{\Omega}{\omega} = u$:

(1) $$\sigma = \frac{1}{\frac{1}{4\rho^2}\left[(\rho^2 + 1)\frac{1}{u} - u\right]^2 + 1}$$

Le rapport σ est égal à zéro pour $u = 0$, ainsi que pour $u = \infty$; il passe pour des valeurs de u comprises dans l'intervalle 0 à ∞ par un maximum égal à l'unité correspondant au minimum de :

$$\left[(\rho^2 + 1)\frac{1}{u} - u \right]^2 \qquad \text{ou} \qquad u = \sqrt{\rho^2 + 1} \; ;$$

si nous construisons les courbes figuratives de (1), relatives à des valeurs de ρ très petites, puis pour des valeurs finies de ρ^2, nous obtenons les deux courbes de la figure 8. La première de ces courbes nous montre

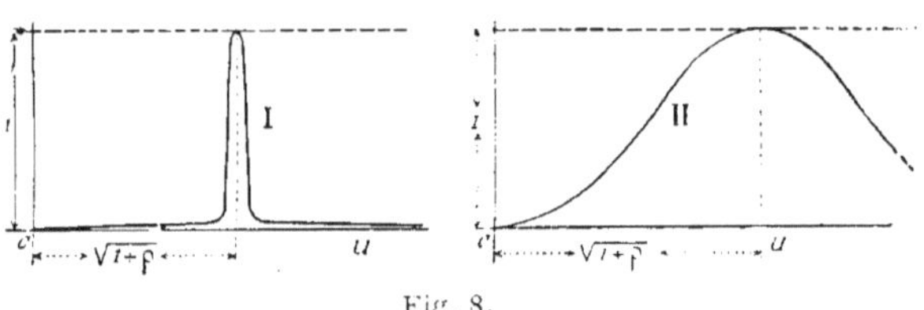

Fig. 8.

qu'en supposant ρ *pratiquement* nul, c'est-à-dire *extrêmement petit*, σ saute brusquement de la valeur 1 à la valeur zéro dans le voisinage de $u = \sqrt{1 + \rho^2}$; dans ce cas, le phénomène de résonance est bien net, l'appareil oscillant *résone clairement ou se tait.* agissant à la manière des résonateurs acoustiques. Si ρ augmente, la courbe s'élargit de plus en plus, comme l'indique la deuxième courbe, de sorte que l'appareil oscillant voit son champ de résonance notablement accru.

Pour conclure, nous dirons : « *Quand l'amortissement de l'appareil oscillant est faible, le champ de résonance est restreint, l'énergie absorbée maximum $\dfrac{b^2}{2A}$ est grande, mais elle diminue très rapidement dès que Ω s'écarte de ω ; le résonateur ne vibre que pour les actions extérieures de période très peu différente de la sienne propre. Avec un amortissement fini, le champ de résonance devient de plus en plus grand.* »

CHAPITRE II

Oscillations électriques.

Décharge oscillante d'un condensateur. — Nous allons aborder maintenant une étude intéressante en analysant les phénomènes qui accompagnent la décharge d'un condensateur de capacité C, dont les armatures sont à une différence de potentiel E à l'époque du commencement de cette décharge. Soient R et $\mathcal{L}$ la résistance et le coefficient de self-induction du circuit de décharge. Il est bien entendu que R exprime non seulement la résistance du circuit des conducteurs de décharge, mais aussi la résistance supplémentaire offerte à l'étincelle par la coupure dans le cas ordinaire où les résistances métalliques présenteraient une discontinuité.

Soit V le potentiel à un instant déterminé de la décharge, nous aurons pour valeur instantanée du courant I :

$$ I = \frac{V - \mathcal{L}\cdot\frac{dI}{dt}}{R} \qquad \text{avec} \qquad I = -\frac{dq}{dt}, $$

q étant la charge du condensateur à l'instant déterminé ; comme $q = CV$, on en tire :

$$ -R\frac{dq}{dt} = \frac{q}{C} + \mathcal{L}\frac{dq^2}{dt^2}, $$

ou encore :

$$ \mathcal{L}\frac{d^2q}{dt^2} + R\frac{dq}{dt} + \frac{q}{C} = 0. $$

La solution générale ([1]) de cette équation est :

$$ q = Ae^{m_1 t} + Be^{m_2 t}, \tag{1} $$

([1]) Voir fascicule 4, pages 3 et 4, en note.

où m_1 et m_2 sont les racines de l'équation du deuxième degré :

$$m^2 + \frac{R}{\mathcal{L}} m + \frac{1}{\mathcal{L}.C} = 0 ; \tag{2}$$

A et B sont des constantes d'intégration.

Ecrivons qu'au temps $t = 0$, la charge du condensateur est Q et que le courant I est nul, nous aurons ainsi en posant $\dfrac{\mathcal{L}}{R} = \tau$:

$$Q = A + B,$$
$$0 = A m_1 + B m_2 ;$$

c'est-à-dire :

$$A = \frac{m_2 Q}{m_2 - m_1}, \qquad B = \frac{- m_1 Q}{m_2 - m_1},$$

ou encore :

$$A = \frac{m_2 Q}{2\sqrt{\dfrac{1}{4\tau^2} - \dfrac{1}{C.R.\tau}}}, \qquad B = \frac{- m_1.Q}{2\sqrt{\dfrac{1}{4\tau^2} - \dfrac{1}{CR\tau}}} ;$$

et l'expression q devient :

$$q = \frac{Q.e^{-\frac{t}{2\tau}}}{2\sqrt{\dfrac{1}{4\tau^2} - \dfrac{1}{C.R.\tau}}} \left[\left(-\frac{1}{2\tau} + \sqrt{\dfrac{1}{4\tau^2} - \dfrac{1}{C.R.\tau}}\right) e^{-\sqrt{\frac{1}{4\tau^2} - \frac{1}{C.R\tau}} \cdot t} \right.$$

$$\left. + \left(\frac{1}{2\tau} + \sqrt{\dfrac{1}{4\tau^2} - \dfrac{1}{C.R\tau}}\right) e^{\sqrt{\frac{1}{4\tau^2} - \frac{1}{C.R.\tau}} \, t}. \right] \tag{3}$$

Pour écrire la valeur de I, on remarquera que :

$$I = -\frac{dq}{dt} = - A m_1 e^{m_1 t} - B m_2 e^{m_2 t},$$

c'est-à-dire :

$$I = \frac{- m_1. m_2 Q}{2\sqrt{\dfrac{1}{4\tau^2} - \dfrac{1}{C.R\tau}}} \left[e^{m_1 t} - e^{m_2 t}\right] ;$$

ou encore :

$$(4) \quad I = \frac{Q e^{-\frac{t}{2\tau}}}{2.C.R.\tau \sqrt{\dfrac{1}{4\tau^2} - \dfrac{1}{C.R\tau}}} \left[e^{\sqrt{\frac{1}{4\tau^2} - \frac{1}{C.R\tau}} \cdot t} - e^{-\sqrt{\frac{1}{4\tau^2} - \frac{1}{CR\tau}} \cdot t} \right]$$

PREMIER CAS. — *Les racines m_1 et m_2 sont réelles.* — Dans ce cas chacune des racines m_1 et m_2 est négative, car la somme de m_1 et m_2 est négative et leur produit est positif ; il en résulte que q et I tendent asymptotiquement vers zéro, en effet, $e^{m_1 t}$ et $e^{m_2 t}$ sont des exponentielles dont les exposants sont négatifs ; la figure 9 donne l'allure des

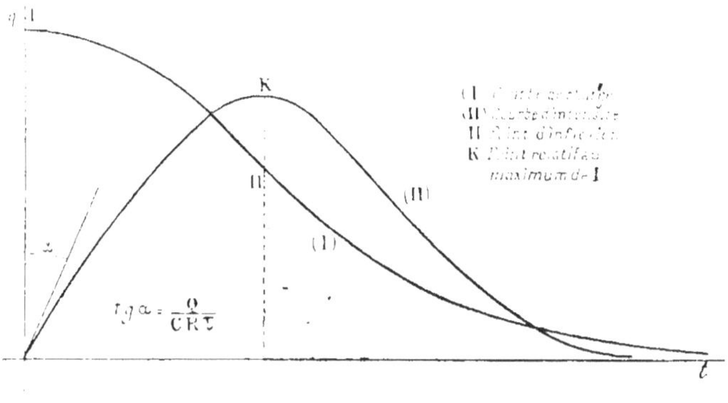

Fig. 9.

courbes représentatives des fonctions q et I. On voit que, dans cette hypothèse, la décharge se produit toujours dans le même sens.

Dans ce cas, on a :

$$\frac{1}{4\tau^2} - \frac{1}{CR\tau} > 0,$$

ou encore :

$$4\tau < CR \qquad \text{ou} \qquad 4\frac{L}{R} < CR \quad \text{et} \quad R > \sqrt{\frac{4L}{C}} ;$$

lorsque R, L et C satisfont à cette inégalité, la décharge est continue. Le courant I passe par un maximum lorsque :

$$\frac{dI}{dt} = \frac{d^2q}{dt^2} = 0 ;$$

pour la valeur remarquable de t correspondante, la courbe en q a un point d'inflexion.

Lorsque $R = \sqrt{\frac{4L}{C}}$, la fonction du courant se réduit à :

$$I = \frac{Qe^{-\frac{t}{2\tau}}}{C R \tau}\, t,$$

et la fonction de décharge à :

$$q = Qe^{\frac{-t}{2\tau}}\left(\frac{t}{2\tau} + 1\right).$$

Ces dernières formules se déduisent des formules (4) et (3) après avoir facilement levé les indéterminations, car (3) et (4) voient, dans l'hypothèse $R = \sqrt{\frac{4L}{C}}$, leurs seconds membres se présenter sous la forme indéterminée.

DEUXIÈME CAS. — *Les racines m_1 et m_2 sont imaginaires.* — Dans cette hypothèse :

$$R < \sqrt{\frac{4L}{C}}.$$

En remplaçant les exponentielles à exposant imaginaire par le développement donné par les formules d'Euler, nous trouverons :

$$(5) \qquad I = \frac{Q.e^{\frac{-t}{2\tau}}}{C.R\tau\sqrt{\frac{1}{CR\tau} - \frac{1}{4\tau^2}}} \sin \sqrt{\frac{1}{C.R\tau} - \frac{1}{4\tau^2}}\, t$$

et pour la fonction q :

$$(6) \qquad q = Q.e^{\frac{-t}{2\tau}} \cdot \frac{\sin(\omega t + \varphi)}{\sin \varphi},$$

après avoir préalablement posé :

$$(7) \qquad \begin{cases} \omega = \sqrt{\dfrac{1}{CR\tau} - \dfrac{1}{4\tau^2}} \\[2ex] tg\,\varphi = \dfrac{\omega}{\left(\dfrac{1}{2\tau}\right)} \end{cases}$$

les fonctions I et q appartiennent donc à une même famille, ce sont des fonctions périodiques amorties, les figures 10 et 11 donnent l'allure des courbes figuratives ([1]).

La durée de la période est donnée par :

$$T = \frac{2\pi}{\sqrt{\dfrac{1}{CR\tau} - \dfrac{1}{4\tau^2}}} = \frac{2\pi}{\sqrt{\dfrac{1}{C.L} - \dfrac{R^2}{4L^2}}},$$

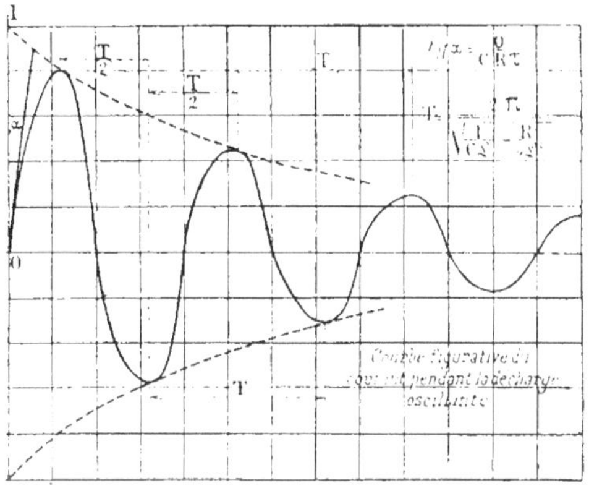

Fig. 10.

car le courant oscillant ou la décharge oscillante reprend, *au facteur exponentiel près*, la même valeur, lorsque l'expression :

$$t\sqrt{\frac{1}{C.R\tau} - \frac{1}{4\tau^2}}$$

prend successivement les valeurs :

$$|\ 0, 2\pi, 4\pi, \dots\ 2n\pi.\ |$$

Lorsque $\dfrac{1}{4\tau}$ est négli-

---

(1) En réalité, la première demi-période de la courbe est plus allongée et la courbe vient se raccorder tangentiellement à l'axe des t pour $t = o$; en effet, e est la différence de potentiel entre deux points C et D du même côté de la coupure, si ρ est la résistance de ce conducteur CD, λ sa self-induction, on a toujours :

$$e = \rho\, i + \lambda \frac{di}{dt};$$

mais, à l'origine du temps : $i = o$, $e = o$, de sorte que :

$$\frac{di}{dt} = o \text{ pour } t = o.$$

La courbe vraie figurative est donc représentée par la figure 11 **bis**.

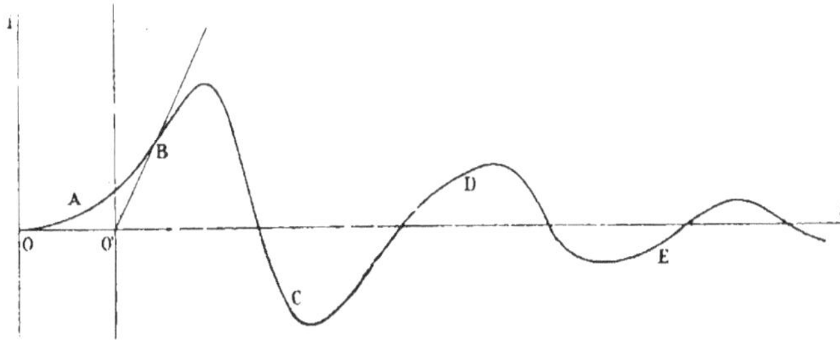

Fig. 11 bis.

geable devant $\dfrac{1}{CR}$, la période se réduit *très sensiblement* à l'expression :

$$T = 2\pi \sqrt{\mathcal{L}.C} \; ;$$

sachant que $\dfrac{2\pi}{T} = \omega$, on peut mettre cette expression sous la forme suivante,

$$1 = \mathcal{L}.C.\omega^2$$

qui correspond à la condition de résonance trouvée au fascicule précédent, lorsque nous avons examiné le cas d'une self-induction et d'un condensateur en série dans un circuit parcouru par un courant sinusoïdal simple.

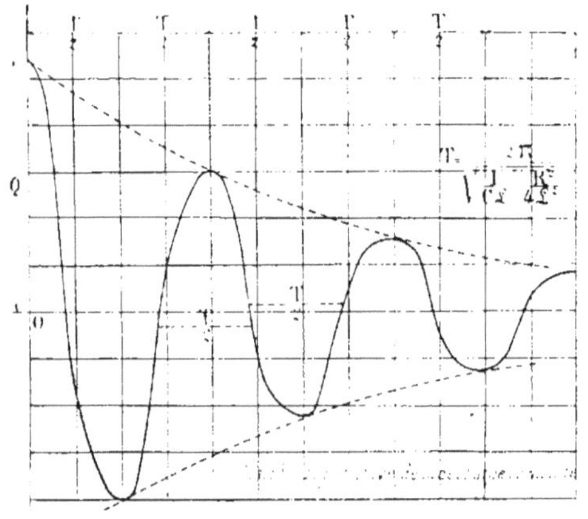

Fig. 11.

En général, la durée T de la période est très petite ; ainsi, si nous prenons :

$$C = \frac{1}{2} \text{ microfarad ou } \frac{10^{-15}}{2} \text{ U.C.G.S}$$
$$\mathcal{L} = 10^{-4} \text{ henry}$$
$$R = \frac{1}{100} \text{ ohm,}$$

nous aurons :

$$T = \dfrac{2\pi}{\sqrt{\dfrac{2}{\left(10^{-15}\right) \times 10^{-2}.10^{9} \times 10^{-2}} - \dfrac{1}{4.10^{-4}}}} = \dfrac{2\pi \times 10^{-6}}{\sqrt{2 - \dfrac{1}{4 \times 10^{6}}}}$$

et ainsi :

$$T = 0{,}0000445 \text{ seconde} \; ;$$

autrement dit, il y a en *une seconde* $\dfrac{10^5}{4{,}45}$ changements de signe, soit 22.500 changements. Le lecteur se rendra facilement compte que T variera relativement peu, lorsque C et $\mathcal{L}$ restant fixes, R varie, par exemple, de 1 ohm à zéro.

36   OSCILLATIONS ÉLECTRIQUES

Amortissement des oscillations. — Décrément logarithmique des oscillations. — Reprenons le cas de la *décharge oscillante* et l'expression de I, nous avons en tenant compte de (7) :

$$I = \frac{Q}{CR\tau.\omega.} \cdot e^{\frac{-t}{2\tau}} \cdot \sin \omega t,$$

et, par un calcul facile :

$$\frac{dI}{dt} = \frac{Q}{CR\tau} \cdot e^{\frac{-t}{2\tau}} \times \frac{\sin (\varphi - \omega t)}{\sin \varphi};$$

les valeurs maxima positives de I sont fournies en donnant à t la série de valeurs suivantes :

$$t_1 = \frac{\varphi}{\omega},$$
$$t_3 = \frac{\varphi + 2\pi}{\omega},$$
$$\cdots\cdots\cdots -$$
$$t_{2n+1} = \frac{\varphi + 2n\pi}{\omega};$$

auxquelles correspondent les séries de valeurs maxima pour les maxima *positifs* de I :

$$I_1 = \frac{Q}{CR.\tau\,\omega} \cdot e^{\frac{-\varphi}{2\omega.\tau}} \sin \varphi \qquad \text{ou} \qquad I_1 = \frac{Q}{CR\tau\omega} e^{\frac{-\varphi}{\lg\varphi}} \sin \varphi$$

$$I_3 = \frac{Q}{C.R\tau.\omega} \cdot e^{\frac{-(\varphi + 2\pi)}{2\omega.\tau}} \cdot \sin \varphi,$$

$$(8) \quad \cdots\cdots\cdots -$$

$$I_{2n+1} = \frac{Q}{CR\tau\omega} \cdot e^{\frac{-(\varphi + 2n\pi)}{2\,\tau}} \sin \varphi;$$

nous constaterons facilement que :

$$(9) \qquad \frac{I_3}{I_1} = \frac{I_5}{I_3} = \frac{I_7}{I_5} = \cdots = \frac{I_{2n+1}}{I_{2n-1}} = e^{-\frac{\pi}{\omega\tau}} = e^{-\frac{T}{2\tau}}$$

nous voyons que la loi de décroissance des maxima positifs de I est la même que la loi de décroissance des déviations maxima du galvanomètre balistique que nous avons étudié au fascicule 4, page 8 ; cette remarque pouvait être prévue dès l'instant où nous avons constaté que les lois du mouvement mécanique du balistique et les variations du courant de décharge étaient exprimées par une équation différentielle de même forme.

L'expression $\dfrac{T}{4\tau}$ s'appelle le décrément logarithmique des oscillations, ce décrément λ est encore égal à $\dfrac{R}{4L}\,T$.

En appelant I_2, I_4..... I_{2n} les plus grandes, en valeur absolue, parmi les valeurs négatives de I, nous aurons la relation suivante qu'on établira comme, plus haut, fut établie la relation entre les I_1, I_3... I_{2n+1} :

$$\frac{I_2}{I_1} = \frac{I_3}{I_2} = \frac{I_4}{I_3} = \frac{I_5}{I_4} = \ldots\ldots = \frac{I_{2n}}{I_{2n+1}} = e^{-\frac{\pi}{2\omega\tau}} = e^{-\frac{T}{4\tau}}$$

Dans l'exemple précédemment envisagé, nous avions :

$$\frac{T}{2} = 0,0000222, \qquad \text{avec } \tau = 0,01,$$

et ainsi :

$$-\frac{T}{2\tau} = -0,00222 ;$$

au bout donc de 450 oscillations *complètes* :

$$\frac{I_{901}}{I_1} = e^{-1} = \frac{1}{e} = 0,37 ;$$

l'amplitude de I aura diminué de plus de 60 %, cependant il ne se sera écoulé qu'un cinquantième de seconde, puisqu'il y a par seconde 22.500 oscillations très sensiblement. Il sera facile de voir qu'au bout d'un dixième de seconde, le rapport à I_1 de l'amplitude maximum du courant sera égal à e^{-5}, de sorte que cette amplitude ne sera plus que le $\dfrac{1}{150}$ de la première amplitude maximum.

L'oscillation diminue donc très rapidement d'amplitude.

Ces phénomènes paraîtront encore plus intéressants, lorsque nous aurons dit qu'ils servent de base à toute la théorie de la télégraphie et téléphonie électriques sans fil, ou, en d'autres termes, à la théorie des transmissions électriques oscillatoires propagées dans les diélectriques du genre de celui constituant la masse d'air qui entoure notre globe.

Vérification expérimentale de la loi précédente. — Divers moyens peuvent être proposés pour mettre en évidence l'exactitude de la loi exprimée au paragraphe précédent. On peut employer le procédé dit de l'*écran de papier*, ce procédé consiste à faire déplacer très rapidement, *mais à vitesse constante*, une feuille de papier entre les deux points où l'étincelle jaillit ; on peut observer sur le papier, dans le sens du déplacement de la feuille, une suite de petits trous rangés sur la même ligne et équidistants, ce qui démontre bien l'isochronisme du phénomène.

Lorsque la période a une durée non inférieure au $\dfrac{1}{500}$ de seconde, on pourra employer utilement l'oscillographe de M. Blondel. Nous avons (fig. 12) donné la copie d'un oscillogramme obtenu avec les constantes suivantes :

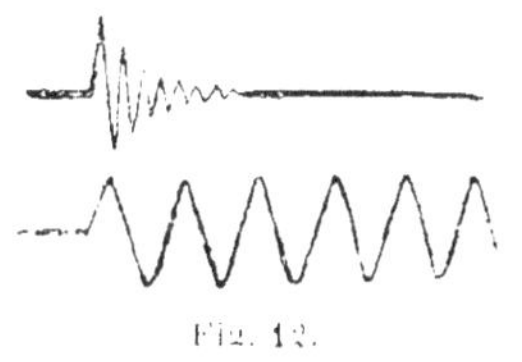

$$E = 70 \text{ volts} ;$$
$$C = 0,5 \text{ microfarad} ;$$
$$L = 2 \text{ henrys} ;$$
$$R = 280 \text{ ohms} ;$$

$$T = 2\pi \sqrt{C.L} = 6,28 \times 10^{-3}, = \frac{1}{140},$$

$$\frac{2\pi}{T} = \frac{6,28 \times 140 \times 10^{-3}}{2} = 0,44.$$

Ceci nous indique que le rapport de deux maxima *consécutifs* de I, un *positif* et un *négatif*, est :

$$e^{-0,22} = 0,37^{0,2} = 0,81$$

La courbe inférieure est celle fournie par le courant du secteur de la Rive Gauche dont la fréquence est 42 ∽ à la seconde. On peut déduire des mesures effectuées sur la première courbe :

Figure	Calculé	Observé		Écart en %
I_1	31,5	31,5 milliampères		—
I_2	25,5	27		+ 6
I_3	20,6	20		— 3,20
I_4	16,7	15		— 10
I_5	13,4	12		— 11
I_6	10,9	9		— 19
I_7	8,7	8		— 9

Etant donné le peu de sûreté de lectures relevées sur les oscillo-grammes, *pour les faibles oscillations surtout*, on peut conclure que l'accord est très satisfaisant.

Feddersen a employé la méthode du miroir tournant. Le principe de la méthode est le suivant :

Supposons qu'en K se trouve un point périodiquement obscur et lumineux (fig. 13), ce point projettera donc des rayons lumi-neux, périodiquement, sur un mi-roir AB *tournant rapidement* au-tour d'un axe 0 normal au plan de la figure. L'image de l'étincelle que l'on peut fixer sur une plaque photographique se trouve dissociée du fait du mouvement du miroir.

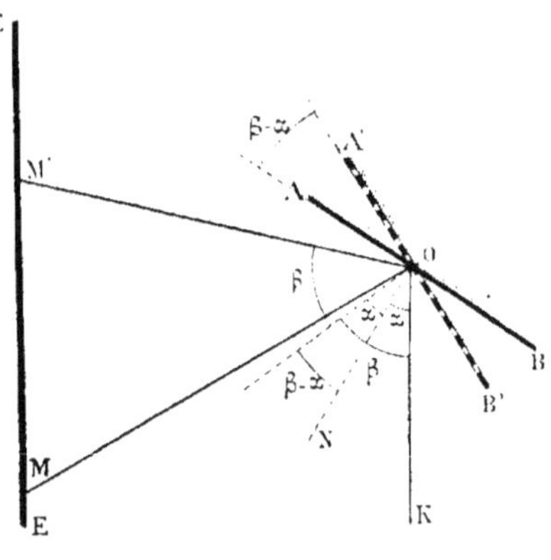

Fig. 13

C'est sous la forme plus ou moins nette d'une traînée estompée que se présente l'étincelle. Avec une résistance faible, la traînée est striée de bandes transversales obliques partant successivement de l'un et l'autre pôles. Ce sont ces stries qui révèlent le caractère oscillatoire de la décharge. Si on augmente la résistance interposée, on constate que les stries finissent par disparaître complètement, mettant en évidence le caractère continu de la décharge.

En interposant des résistances très grandes obtenues en utilisant des rhéostats liquides, les épreuves photographiques arrivent à re-produire plusieurs étincelles *nettement* séparées, survenant d'ailleurs à des intervalles irréguliers, on est en présence de la décharge in-termittente.

Il faut bien reconnaître que les expériences de Feddersen sont plutôt qualitatives que quantitatives, elles autorisent à admettre que le phénomène a sans doute l'allure que la théorie indique, mais elles ne sauraient servir de base à aucune mesure précise. L'ordre de grandeur des périodes de décharge ne pouvait pas dépasser $\dfrac{1}{10^4}$ de seconde, car il était impossible au miroir de Feddersen de tourner à une vitesse supérieure à 100 tours-minutes, de plus, les plaques extrêmement rapides au gélatino-bromure n'étaient pas encore d'un usage courant.

Paalzow, pour vérifier l'oscillation de la décharge, employait un tube de Gessler décrit dans un autre fascicule : il constatait que, pour des valeurs très grandes de la résistance, les deux électrodes présentaient un aspect différent, démontrant ainsi que la décharge conserve le même sens. Paalzow vérifiait inversement que, la résistance devenant inférieure à une certaine valeur critique, les deux électrodes affectaient le même aspect, révélant ainsi que le signe des électrodes s'alterne tout à tour. Il avait remarqué également qu'à l'approche d'un aimant la décharge se divisait en deux lignes lumineuses distinctes.

Depuis, en 1890, *Boys* obtint la dissociation de l'étincelle en faisant tourner devant une plaque très sensible un disque porteur d'une série d'objectifs photographiques ; ces objectifs étaient distribués par paires disposées à des distances *inégales* de l'axe de rotation. Boys obtenait ainsi des images d'étincelles s'étalant en bandes circulaires concentriques.

Ces expériences n'ont pu être faites que sur des décharges dont l'ordre de grandeur était 0,0003 à 0,0002 seconde; les poids de ces objectifs ne permettraient pas, en effet, de donner au disque qui les supporte une vitesse suffisante.

L'étude expérimentale de la décharge a été effectuée en 1899 d'une façon plus approfondie par M. *Decombes* ; le principe de la méthode de M. Decombes est toujours basée sur le miroir tournant. L'ordre de grandeur des périodes des oscillations fixées par la plaque sensible a pu être notablement réduit, puisque M. Decombes peut photographier des oscillations dont l'ordre de grandeur des périodes atteint le $\frac{1}{10^6}$ seconde. *C. Tissot* avait perfectionné la méthode du miroir tournant, il était arrivé à enregistrer des oscillations dont l'ordre de grandeur de la période était de $\frac{1}{10^7}$ seconde.

Travaux de Hemsalech. — Depuis, *Hemsalech*, au cours de travaux sur les spectres d'étincelles, a été amené à préciser certains caractères de la décharge ; sans nous attarder à la description de ces expériences, nous donnerons le résultat des intéressantes observations effectuées.

L'étincelle de capacité, ou celle qui se produit lorsque la capacité est prépondérante, affecte l'aspect d'un trait fixe que l'appareil tournant ne dissocie pas ; ce trait est accompagné d'une auréole qui décèle les oscillations de la décharge. Les épreuves photographiques permettent de constater que les particules lumineuses sont animées de vitesses réduites, car les oscillations se présentent sous l'aspect de lignes courbes.

Lorsqu'on dissocie l'étincelle par le sceptre, le trait donne des raies droites, alors que l'auréole donne des raies incurvées ; on constate de plus que les raies droites sont dues à l'air et les raies incurvées sont dues au métal.

L'étincelle semble donc s'accomplir d'après le processus suivant : la couche d'air entre électrodes est traversée par la première décharge, ainsi l'air est rendu incandescent ; c'est l'étincelle pilote de Boys, ensuite, l'intervalle compris entre électrodes se remplit de vapeur métallique dont l'aspect sur la plaque sensible est celle d'une auréole.

L'étincelle de self-induction est celle qui se produit lorsque la self-induction du circuit tend à devenir prépondérante ; cette étincelle affecte un aspect plus régulier que l'étincelle de capacité, sa forme le plus ordinairement est ellipsoïdale.

La décharge initiale est alors très faible à l'analyse spectrale, on ne voit plus subsister que le spectre du métal ; tandis qu'avec *l'étincelle de capacité* le premier intervalle est toujours *plus grand* que les autres, l'intervalle des deux premières franges est, avec l'étincelle de self-induction, *très notablement* plus petit que celui des suivants.

La décharge *initiale* ne dépend que de la *capacité* des *électrodes*, elle serait donc due seulement à la décharge des électrodes, mais cette première décharge préparerait le chemin à toutes les oscillations de la décharge. Pour démontrer ce fait, on emploie le dispositif suivant : dans un circuit composé d'un condensateur C, de capacité C = 0,04 microfarad environ, d'une bobine S et de deux électrodes B et B', on dispose, en dérivation sur les électrodes BB', (fig. 14) un condensateur de capacité c, faible relativement au premier, $c' = 0,001$ microfarad par exemple ; dans ces conditions, on constatera que

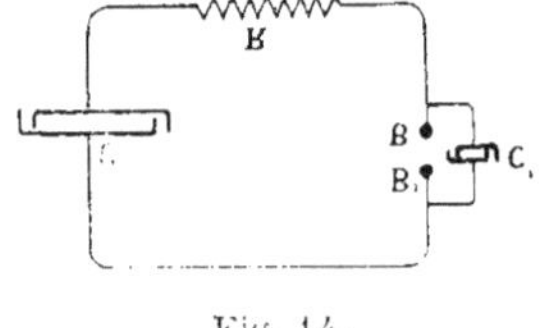

Fig. 14.

le petit condensateur a une influence des plus nettes sur la décharge initiale sans modifier de façon sensible la fréquence des oscillations.

Les intervalles entre deux images consécutives fournies par le miroir tournant, les deux premières exceptées, vont en décroissant légèrement en présentant entre eux des différences successives très faibles ; ces intervalles tendent vers une limite indépendante de la distance explosive ; cette décroissance de la distance des franges consécutives s'explique, comme l'a fait Swingedauw, en remarquant que la résistance de l'étincelle varie au cours de la décharge.

Pour éviter l'emploi de miroir tournant, Hemsalech a indiqué une méthode intéressante. Celle-ci consiste à utiliser la propriété qu'un courant d'air rapide possède d'entraîner l'auréole, et de photographier une série d'étincelles obtenues par ce procédé.

Etude expérimentale de l'amortissement. — Sur les épreuves photographiques d'étincelles oscillantes, on reconnaît qualitativement, par la diminution successive de l'intensité des images, l'existence de l'amortissement, mais il serait téméraire de chercher à déduire, de ces expériences photographiques, une mesure quelconque du phénomène.

Toutefois, la théorie nous a indiqué que les maxima d'intensité décroissaient suivant une progression géométrique, de sorte que le facteur d'amortissement était exprimé par le terme $e^{-\frac{T}{2\tau}}$ ou son équivalent $e^{-\frac{R}{2L}T}$; on peut d'ailleurs démontrer, expérimentalement, que ce facteur d'amortissement augmente, lorsque R augmente et, inversement, diminue, lorsque R diminue.

La théorie de Lord Kelvin admet qu'une certaine énergie est dissipée dans le circuit par effet Joule, toute dissipation d'énergie dans le circuit, dans un but absolument quelconque, aboutira à une augmentation certaine de la valeur de l'amortissement. Pour démontrer expérimentalement ce fait, on dispose dans un circuit un premier solénoïde S à l'intérieur duquel un noyau de métal peut être introduit, un second solénoïde entoure de ses quelques spires un tube à vide T (fig. 14 *bis*), enfin un condensateur complète la composition du circuit oscillant.

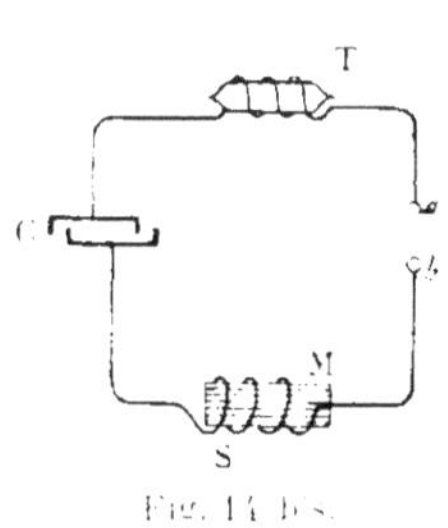

Fig. 14 bis.

Tant que le solénoïde S ne contient pas de noyau métallique, le tube T est bien nettement brillant ; l'éclat de ce tube diminuera, si on introduit dans ce solénoïde un noyau de cuivre, mais il disparait totalement si, au cuivre, on substitue un faisceau de fils de fer.

Dans le premier cas, les seuls courants de Foucault agissent, il y a donc gaspillage supplémentaire d'énergie, mais cette dissipation est plus considérable lorsque entre en compte la dissipation d'énergie par hystérésis, comme cela a lieu dans le deuxième cas de l'expérience.

Dans le condensateur même, il se produit une dissipation d'énergie qui échauffe le condensateur ; cette dissipation d'énergie, qui est due à une hystérésis diélectrique, est de la forme :

$$W = \alpha V^{\beta},$$

où α et β sont des constantes ; β a une valeur comprise entre 1,5 et 2; et α a une valeur de 0,04 pour le verre.

Ricardo Arno, en suspendant dans un champ tournant électrostatique un cylindre diélectrique, a constaté que ce cylindre était entraîné par le champ.

Production des oscillations électriques. — La décharge d'un condensateur permet, avons-nous vu, d'obtenir des oscillations électriques ; un autre procédé à préconiser est *celui de l'arc électrique.*

Précisons d'abord le fonctionnement d'un arc électrique, objet devenu commun dans la vie pratique et qu'il est inutile de décrire ici en détail. On obtient un arc en faisant passer un courant à travers deux petits cylindres de charbon mis au contact au début de l'opération, puis écarté modérément, soit à la main pour les essais de laboratoire, soit automatiquement pour l'usage de la lumière ; mais entre les pointes écartées de ces deux charbons, une flamme très intense a jailli : c'est l'arc électrique. On vérifie que la différence de potentiel V qui existe entre les deux charbons se dédouble en deux parties : une proportionnelle au courant, l'autre ε fixe indépendante de l'intensité de courant ; cette dernière semble se comporter comme une force contre-électromotrice, elle a une valeur comprise entre 35 et 40 volts : c'est la partie utilisée pour fournir l'énergie nécessaire à la volatilisation des charbons. On a d'ailleurs la relation :

$$V = \varepsilon + \rho I,$$

ρ représentant la résistance offerte par l'arc au courant I.

Ceci posé, si V diminue, I diminue ; mais dès que V atteindra la valeur ε, on verra l'arc s'affaiblir d'intensité puis s'éteindre. Supposons qu'au courant continu de l'arc, on superpose un courant alternatif de façon que la différence de potentiel entre les deux charbons deviennent :

$$V + E_0 \sin \omega t ;$$

on conçoit qu'il sera possible de choisir E_0 de façon que :

$$V + E_0 > \varepsilon > V - E_0 ;$$

l'arc, dans ces conditions, s'éteindra à chaque période, mais, si la vitesse de pulsation ω est suffisamment rapide pour que les pointes de charbon n'aient pas le temps de se refroidir, l'arc pourra se rallumer, de sorte qu'à chaque période, on constatera un rallumage et une extinction.

La vapeur de carbone qui remplit l'intervalle des deux charbons est ainsi soumise à des variations de température entraînant des variations périodiques de volume. Ces dernières détermineront dans l'air des mouvements vibratoires et des sons correspondant à la valeur de la pulsation.

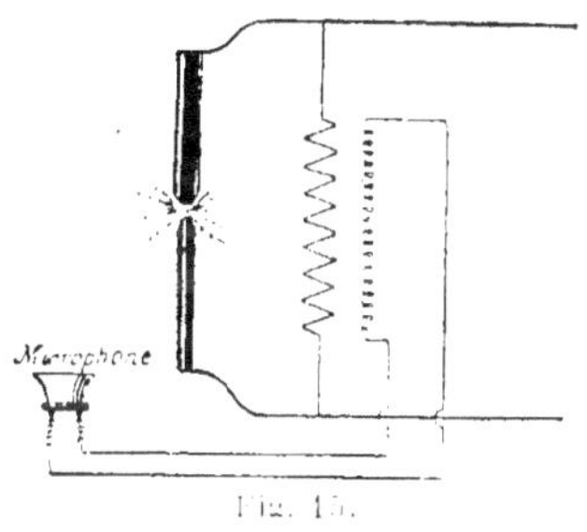

Fig. 15.

C'est sur ce principe qu'est basé l'arc. *téléphonique* (fig. 15). l'arc utilisé est un arc à grande flamme que fournit l'emploi des charbons minéralisés. Entre les bornes de l'arc est disposé l'enroulement primaire d'un transformateur, alors que le secondaire de celui-ci est relié à un microphone à grenaille. Si une personne vient à parler devant le microphone, l'arc reproduira sa voix. Il est naturel que ce soient les sons les plus aigus qui soient les mieux reproduits ; avec un voltage d'une centaine de volts, on peut entendre l'arc reproduire très distinctement les paroles dites dans un microphone placé à 4 ou 500 mètres de là.

Ce dispositif a trouvé son emploi comme transmetteur dans le téléphonie sans fil.

Arc chantant. — Prenons un arc alimenté par du courant continu, puis plaçons (fig. 16) en dérivation entre ces charbons un condensateur et une self induction.

Supposons, de plus, qu'on dispose de rhéostats convenables pour que le courant principal ne puisse assurer à la fois le service de charge du condensateur et le service de l'arc, c'est-à-dire que, lorsque le

condensateur se chargera, la différence de potentiel aux bornes deviendra trop faible pour assurer le fonctionnement de l'arc. Dans ces
conditions, le condensateur une fois chargé, l'arc s'allumera, mais il court-circuitera le condensateur qui se déchargera ; évidemment, ceci ne peut avoir lieu que grâce au concours de la self-induction ; sans elle, le condensateur se déchargerait jusqu'au moment où il aura atteint la différence de potentiel de l'arc. Pour se recharger, le condensateur éteindra l'arc, puisque le courant principal ne peut

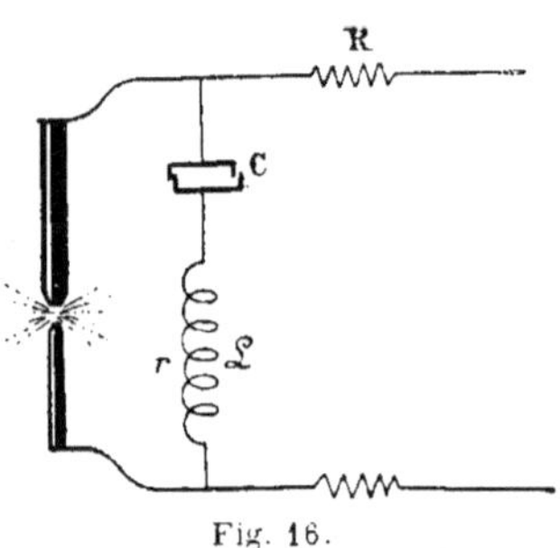

Fig. 16.

assurer à la fois le service de l'arc et du condensateur ; ainsi, tout recommencera indéfiniment.

Duddell a étudié le fonctionnement des arcs chantants, il en a déterminé les conditions suivantes de réalisation [1]. Il a trouvé que les variations simultanées du voltage V aux bornes de l'arc et de l'intensité I devaient telles que leur rapport soit négatif ; autrement dit, qu'il était nécessaire que :

$$\frac{dV}{dI} < 0 ;$$

de plus, cette expression $\frac{dV}{dI}$, homogène d'une résistance électrique, doit être plus grande que la résistance r du circuit où l'oscillation se produit.

On n'obtiendra pas de pareils arcs, ou tout au moins leur réalisation sera très difficilement atteinte avec des charbons négatifs métalliques, cela tient à la rapidité de refroidissement de ces sortes de cathodes qui empêche le rallumage de l'arc éteint.

Le nombre de vibrations dues à l'extinction de l'arc est quelque peu en désaccord avec la formule de Lord Kelvin, ce nombre de vibrations varie avec l'intensité de l'arc, lorsque la self et la capacité restent constantes ; les écarts entre la théorie et l'expérience peuvent atteindre jusqu'à 20 %.

D'ailleurs Blondel a montré qu'il existe deux régimes pour l'arc chantant, dont un, correspondant à un écartement assez grand des charbons, donne la sensation musicale assez nette ; c'est à ce régime

---

(1) Consulter l'excellent ouvrage de TISSOT : *Oscillations Électriques.* — Doin et Fils, éditeurs.

que la formule de S. W. Thomson s'appliquerait, d'une façon un peu approximative, au surplus.

Vient-on à agir sur la bobine de self, en plongeant, par exemple, un noyau de fer doux, ce qui augmente la self-induction, on fait baisser le timbre du son produit par l'arc ; en introduisant au contraire dans la bobine une autre bobine fermée sur elle-même, ce qui diminue la self, on fait monter le timbre en hauteur.

L'arc chantant a été étudié avec beaucoup de soins par Mme H. Ayrton, puis par M. Blondel. On peut représenter, par une photographie, le phénomène de l'arc chantant en le dissociant à l'aide d'un miroir tournant à une vitesse de 4 à 5 tours par seconde, la figure 17 donne la reproduction d'une de ces photographies.

Si l'on détermine, à l'aide de l'oscillographe, les courbes de voltage V aux bornes de l'arc et de courant I dans le circuit oscillant, on obtient deux courbes du genre de celles représentées par la figure 18. La forme de ces oscillogrammes indique que le courant oscillant ne s'écarte pas sensiblement de la *forme sinusoïdale*.

Fréquence obtenue avec l'arc chantant. — Les fréquences obtenues avec un arc chantant ordinaire ne dépassent jamais beaucoup 10.000 vibrations à la seconde, mais leur nombre reste toujours supérieur à 500 vibrations.

Fig. 17.

On peut, même avec des courants faibles, en se plaçant toutefois dans les meilleures conditions possible, atteindre jusqu'à 30.000 à 45.000 vibrations à la seconde. Ce ne sont pas là, à proprement parler, des courants à haute fréquence, toutefois la fréquence est suffisante pour donner lieu à des effets d'induction très puissants. C'est ainsi que si nous disposons à 50 centimètres environ d'un circuit d'arc chantant un bobinage à large section de 20 à 30 tours de fils dont les extrémités sont connectées à une lampe à incandescence, on voit cette dernière se mettre à briller dès que l'arc a commencé à chanter.

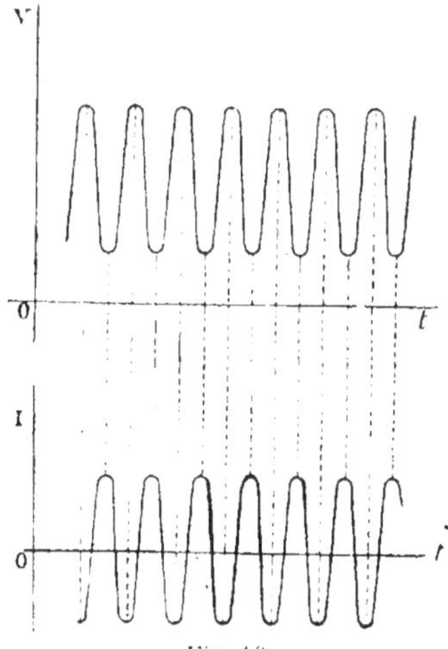

Fig. 18.

Si l'on veut obtenir, à l'aide de l'arc chantant, un voltage considérable, on devra faire usage d'un transformateur statique. Le schéma du montage est indiqué à la figure 19. Le primaire de ce transformateur serait constitué par la self en dérivation sur l'arc, le secondaire aurait un nombre de fils suffisant pour atteindre le haut voltage désiré. Au-dessus de 5.000 ∿, il sera préférable de ne pas disposer de noyau de fer dans le transformateur, car les pertes par courant de Foucault et hystérésis pourraient devenir considérables.

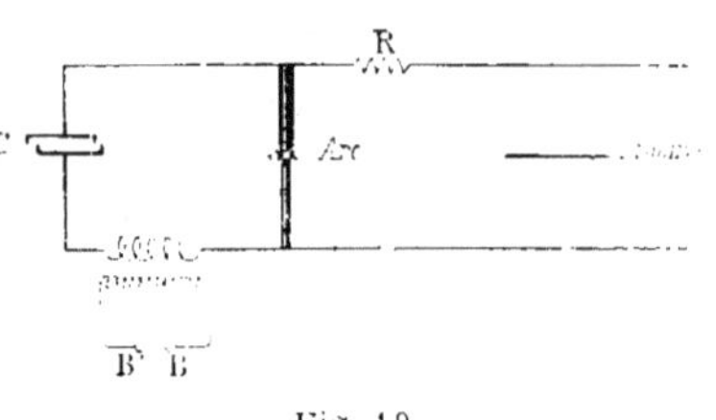

Fig. 19

Arc de Poulsen. — Poulsen a perfectionné l'arc chantant imaginé par Duddell, il est arrivé à produire plus de 500.000 vibrations à la seconde. L'idée de Poulsen consiste à faire éclater son arc dans une atmosphère d'hydrogène ou de carbure d'hydrogène. Pour faciliter la production du phénomène, on peut, par l'intermédiaire des pièces polaires d'un électro-aimant, disposer le soufflage électromagnétique de l'arc.

L'arc doit fonctionner sous une tension de 450 volts environ. On emploie une anode constituée par un tube de cuivre fermé dans l'intérieur duquel l'eau de refroidissement peut circuler, la cathode en charbon pénètre dans la concavité ménagée dans l'anode (fig. 20).

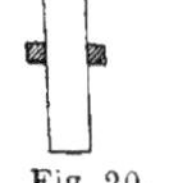

Fig. 20.

Pour éviter la production des champignons sur le charbon, on devra donner au charbon un mouvement de rotation lent, cette précaution donne au phénomène une allure beaucoup plus régulière. Le montage de l'appareil est donné schématiquement par la figure 21, les électro-aimants de soufflage déterminent, par leur importante self-induction, une augmentation de la chute de tension dans l'arc. Lorsque l'arc se produit entre électrodes différentes, tels charbon-cuivre, la chute de tension est

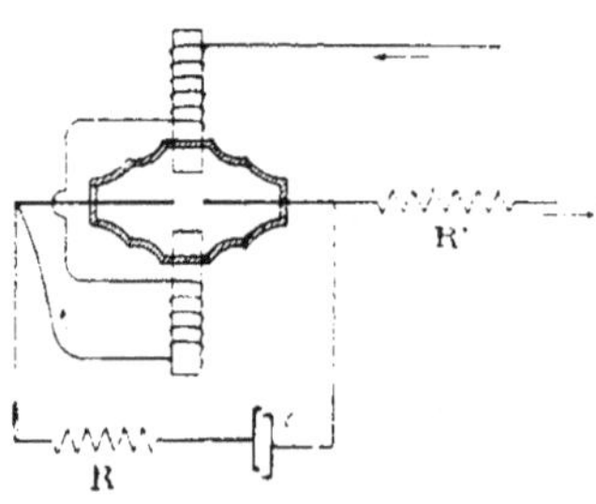

Fig. 21.

plus rapide, l'arc travaille dans une partie plus inclinée de la caractéristique, ce qui est une meilleure condition de fonctionnement ; la

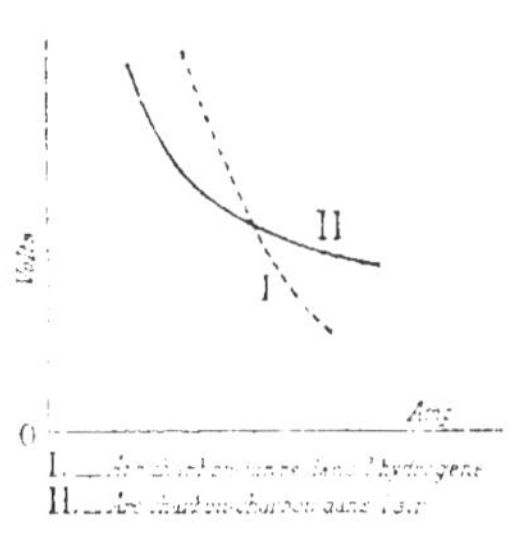

Fig. 22.

figure 22 donne la courbe caractéristique relative à la marche avec deux électrodes de charbon, et celle obtenue avec une anode en cuivre, la cathode étant en charbon.

La théorie complète et satisfaisante sur le mécanisme des phénomènes qu'on observe dans le fonctionnement de l'arc de Poulsen est encore à faire.

Le nombre des oscillations à la seconde est trop considérable pour se traduire par un son perceptible. L'état vibratoire est toutefois révélé facilement par l'induction énergique produite sur les circuits du voisina-
ge, on peut dissocier d'ailleurs l'image en faisant réfléchir l'arc sur un miroir tournant.

Les oscillations qui sont produites par l'arc de Poulsen ne rappellent que de loin la for-
me sinusoïdale. Tandis que chaque décharge d'un condensateur donne naissance à un train d'oscillations

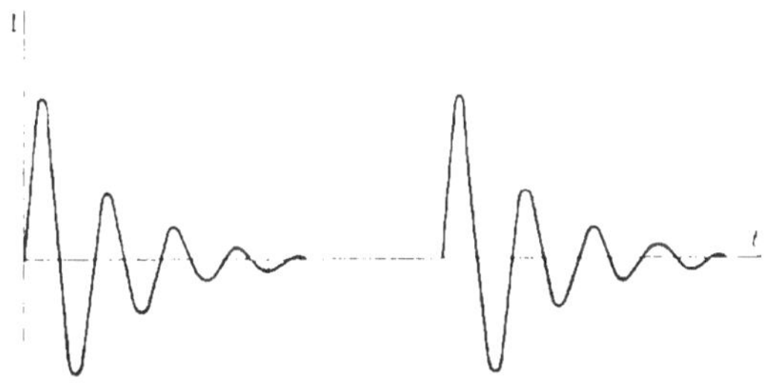

Fig. 23.

dont les amplitudes vont en diminuant progressivement (fig. 23), l'arc de Poulsen détermine un train continu, comme le montre la figure 23 *bis*.

Fig. 23 bis.

Fleming a fait une étude serrée de l'arc de Poulsen ; il a reconnu que si, dans le voisinage d'un arc de Poulsen, on fait tourner un tube à néon, on voit se produire, à intervalles irréguliers mais toujours courts, des extinctions du tube. Le train d'oscillations de l'arc de Poulsen ne serait donc pas parfaitement continu.

Mesures des grandeurs électriques de haute fréquence. — Supposons un courant amorti de haute fréquence :

$$i = I_0 e^{-mt} \sin \omega t$$

en gardant les notations employées au fascicule 4, page 6, pour représenter une grandeur périodique amortie.

Supposons que ce courant parcourt une résistance ρ; soit, de plus, i le courant continu qui, dans cette même résistance, produirait le même échauffement, nous aurons pour puissance dépensée en courant continu $\rho 2'^2$. Un train d'oscillations suffisamment amorti fournira une puissance :

$$\rho \int_0^\infty \mathrm{I}^2 dt \; ;$$

nous donnons l'infini comme limite supérieure, car si I est suffisamment amorti, l'expression $\int_t^\infty \mathrm{I}^2 dt$ est pratiquement nul.

Si donc, nous avons n trains d'oscillations à la seconde, nous aurons :

$$\rho i^2 = n\rho \int_0^\infty \mathrm{I}^2 dt,$$

ou encore :

$$i^2 = n \int_0^\infty \mathrm{I}^2 dt = n\mathrm{I}_0^2 \int_0^\infty e^{-2mt} . \sin^2 \omega t . \, dt \; ;$$

or :

$$\int_0^\infty e^{-2mt} . \sin^2 \omega t . \, dt = \frac{1}{2} \int_0^\infty e^{-2mt} . \, dt - \frac{1}{2} \int_0^\infty e^{-2mt} . \cos 2\omega t . dt$$

$$= \frac{1}{2} \left\{ \frac{1}{2m} - \frac{m}{2m^2 + 2\omega^2} \right\}$$

$$= \frac{1}{4m} \times \frac{\omega^2}{m^2 + \omega^2} \; ;$$

or, si λ est le décrément logarithmique et T la période, on a :

$$\lambda = m \frac{\mathrm{T}}{2}, \qquad\qquad \mathrm{T} = \frac{2\pi}{\omega} \; ;$$

en remplaçant, nous obtenons :

$$i^2 = \frac{n\mathrm{I}_0^2}{8\lambda} . \, \mathrm{T} . \frac{\pi^2}{\pi^2 + \lambda^2} \; ;$$

lorsque l'amortissement n'a pas une valeur très élevée, pour $\lambda = 0{,}20$, par exemple, l'expression $\dfrac{\pi^2}{\pi^2 + \lambda^2}$ diffère peu de 1 ; on a, en effet, pour cette valeur de λ :

$$\frac{\pi^2}{\pi^2 + \lambda^2} = \frac{1}{1 + \dfrac{0{,}04}{\pi^2}} = 0{,}9996 \; ;$$

i est ce qu'on peut appeler l'intensité efficace du courant oscillatoire.
En pratique, on pourra donc écrire :

$$I^2_{eff} = n \frac{I_0^2}{8\lambda}. T.$$

Relations entre l'amplitude maximum d'une décharge oscillante et le courant efficace du courant oscillatoire. — Au commencement de la décharge. Q est la charge du condensateur considéré au début de ce chapitre, V est la différence de potentiel ; on a :

$$Q = CV ;$$

or, l'amplitude maximum est fournie par les formules (8), page 36 :

$$I_0 = \frac{Q}{CR\tau\omega} e^{-\frac{\varphi}{2\omega\tau}}. \sin\varphi = \frac{Q}{C\mathcal{L}\omega} e^{\frac{\varphi}{tg\varphi}}. \sin\varphi ;$$

si R est infiniment petit devant $\mathcal{L}\omega$:

$$tg\,\varphi = \frac{\omega}{\frac{1}{2\tau}} = \frac{2\mathcal{L}\omega}{R} = \infty \text{ et } \sin\varphi = 1$$

donc :

$$I_0 = \frac{Q}{C\mathcal{L}\omega} = \frac{QT}{2\pi.C\mathcal{L}} = \frac{V.T}{2\pi\mathcal{L}} ;$$

prenons, comme exemple :

$$\left\{ \begin{array}{l} T = 3 \times 10^{-6} \text{ secondes} \\ V = 2 \times 10^4 \text{ volts} \\ \mathcal{L} = 0,5 \times 10^{-5} \end{array} \right.$$

I_0 devient $\dfrac{2 \times 10^4 \times 3 \times 10^{-6}}{6,28 \times 0,5 \times 10^{-5}} = \dfrac{6 \times 1000}{3,14} = 1910 ;$

si λ est supposé égal à 0,05, l'intensité efficace sera donnée dans l'hypothèse d'un train de 25 oscillations par seconde par la relation :

$$I^2_{eff} = 25 \frac{1910^2}{0,4} \times \frac{3}{10^6} = 680 ;$$

donc :

$$I_{eff} = 26,1 \text{ ampères.}$$

On voit ainsi l'écart qui peut exister entre la valeur efficace et la valeur de l'élongation maximum. La durée très courte de règne de l'élongation maximum empêche que son importance ne devienne préjudiciable ; toutefois comme, avec de la haute fréquence, le périmètre seul des conducteurs s'intéresse au courant, il est nécessaire d'utiliser des lames ou des tubes pour les courants de cette espèce.

On déduit la possibilité de calculer l'élongation maximum à l'aide d'un ampèremètre thermique, connaissant le nombre de trains d'oscillations, la période et le décrément.

Mesure de l'amortissement d'un circuit de décharge. — Les expressions précédemment obtenues pour l'élongation maximum et la période :

$$I_0 = \frac{VT}{2\pi L^2}, \qquad\qquad T = 2\pi\sqrt{LC}$$

indiquent qu'avec les hypothèses précédemment admises, l'amplitude et la période ne sont pas modifiées lorsque la résistance du circuit varie. Le décrément toutefois est fonction de cette résistance. Si, dans un circuit, nous faisons varier la résistance R du circuit de ΔR, nous aurons au thermique une première lecture $I_{1\,\mathrm{eff}}$ telle que $I_{1\,\mathrm{eff}}^2 = n\,\dfrac{I_0^2}{8\lambda}\,T$, puis une seconde, lorsque R aura été augmentée de ΔR :

$$I_{2\,\mathrm{eff}}^2 = n\,\frac{I_0^2\,T}{8\lambda'}$$

et ainsi :

$$\frac{I_{1\,\mathrm{eff}}^2}{I_{2\,\mathrm{eff}}^2} = \frac{\lambda'}{\lambda};$$

or :

$$\lambda = \frac{R}{4L}\,T, \qquad \lambda' = \frac{R + \Delta R}{4L}\cdot T, \qquad \lambda' - \lambda = \frac{\Delta R}{4L}\cdot T;$$

$\lambda' - \lambda$ peut donc être calculé en fonction des constantes du circuit ; on en tirera :

$$\frac{I_1^2}{I_2^2} - 1 = \frac{\lambda' - \lambda}{\lambda},$$

d'où :

$$\lambda' - \lambda = \lambda\left(\frac{I_1^2}{I_2^2} - 1\right).$$

Rutherford a indiqué une méthode beaucoup plus sûre pour la détermination des décréments (*Philosophical Transactions*, tome CLXXXIX 1897, pages 1 à 24).

Mesure des courants de très haute fréquence. — On utilise les appareils thermiques. L'allongement d'un fil permettra les mesures jusqu'à 5 ampères ; au-dessus de cette intensité, on emploie le dispositif de Broca. Celui-ci est basé sur le principe suivant : dix, quinze, vingt fils identiques (le nombre varie d'après l'intensité maximum que l'appareil doit supporter), sont tendus horizontalement entre deux faces verticales métalliques servant de bases à un prisme régulier. Le courant aboutit au centre de chaque face et ainsi se répartit également entre les fils ; la mesure, par le moyen classique de l'allongement d'un seul fil, permettra de repérer exactement le courant qui traverse l'ensemble.

On peut également employer le thermomètre de Riess que nous avons décrit au fascicule 1er, page 105. On emploiera aussi le galvanomètre thermique de Duddell ou le bolomètre de Langley, les descriptions de ces appareils termineront ce chapitre. On se sert aussi d'électrodynamomètres spéciaux, l'un imaginé par Papalexi et un autre par Broca.

Mesure des différences de potentiel. — On peut utiliser l'électromètre de Mascart monté en idiostatique ; la faible capacité de cet appareil permet son introduction sans danger dans le circuit ; par un calcul identique à celui mené pour la mesure des courants, on reconnaîtrait que l'indication de l'appareil est proportionnelle à $\dfrac{V^2}{8\lambda}$, V représentant l'amplitude maximum de la différence de potentiel et λ le décrément logarithmique de l'oscillation.

Les grandes différences de potentiel s'évaluent par la mesure de la distance explosive (Voir fascicule 1er, page 113).

Galvanomètre thermique. — Duddell a présenté en France en 1906 un thermogalvanomètre de son invention. Cet appareil se recommande pour la mesure des courants alternatifs ou interrompus d'intensité très faible et de haute fréquence, il est d'un grand secours dans les recherches de radiotélégraphie, il ne possède pratiquement aucune self-induction, aucune capacité, il peut être calibré avec précision à l'aide du courant continu.

Cet appareil utilise le microradiomètre de Boys ; cet élément est formé d'un couple bismuth-antimoine marqué Bi-Sb sur la figure 24 ; il est con-

Fig. 24.

necté à une spire de fil d'argent très peu épais A, celle-ci est suspendue par une fibre de quartz Q entre les pièces polaires d'un aimant permanent N-S. Par l'intermédiaire d'une tige de verre D très ténue, cette spire est solidaire d'un miroir M qui sert aux lectures par réflexion. On peut remplacer l'élément Bi-Sb par un élément fer-constantan.

Le fil FG dans lequel passe le courant à mesurer est disposé très près de l'une des soudures de l'élément thermo-électrique, la partie la plus voisine de la soudure est constituée par un fil très fin en métal ou de quartz platiné rectiligne. La longueur de cette partie active du fil est de 3 à 4 millimètres. La distance entre le thermo-élément et le fil peut être modifiée dans certaines limites ; de plus, à chaque appareil est annexée une série de fils de différentes résistances permettant de faire varier la sensibilité. L'action sur le couple électrique se fait à la fois par rayonnement et par convection.

L'appareil est mis dans une cage pour le soustraire à l'influence des variations brusques de température extérieure. Le tout est enfermé dans une boîte en acajou.

Le principe du thermo-galvanomètre est également utilisé dans la construction des ampèremètres thermiques de Duddell.

La sensibilité du galvanomètre thermique est d'un ordre comparable à celle du bolomètre ; cet appareil a été fréquemment utilisé dans les travaux de MM. Duddell, Taylor, Marconi, Bellini et Tosi.

Bolomètre. — Le principe du bolomètre de Langley est le suivant : si, dans un pont de Wheatstone à fil, on dispose, sur deux *branches voisines*, deux fils fins métalliques *identiques*, si le pont est équilibré, puis qu'on vienne à chauffer un de ces deux fils, le pont se trouvera déréglé et les variations de résistance relevées permettront de déterminer les variations de température du fil chauffé par rapport à l'autre.

Pour l'étude des courants oscillants, on dispose le pont comme l'indique la figure 25 ; les *fils identiques* dont il fut parlé plus haut sont constitués chacun par quatre bouts de fils *identiques* formant un losange $S\beta t\alpha$ et $S'\beta't'\alpha'$. Chacun de ces petits ponts élémentaires se trouve équilibré par le constructeur même, de sorte que si on intercale le losange $S\beta t\alpha$ dans le circuit U parcouru par un courant oscillant, comme l'indique la figure 25, aucune différence de potentiel ne sera introduite entre S et t du fait du passage du courant oscillant.

Le déséquilibrage du pont est donc uniquement dû à l'échauffement des fils du losange $S\beta t\alpha$, du fait de la présence du courant oscillatoire.

On peut établir que la déviation du galvanomètre est proportionnelle au carré de l'intensité du courant, et, au surplus, l'essai avec un *courant continu* parcourant le circuit U prouve l'exactitude et la sensibilité de cet appareil. La sensibilité de tout l'ensemble dépend de la sensibilité du galvanomètre.

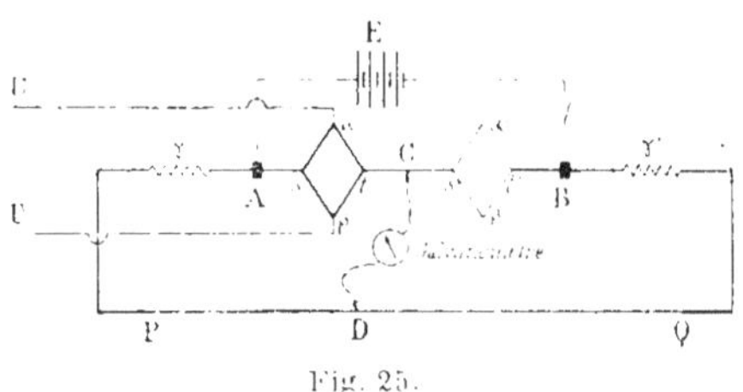

Fig. 25.

Les résistances des fils du pont autres que les losanges $S\beta t\alpha$ et $S'\beta't'\alpha'$ sont d'un métal possédant un faible coefficient de variation avec la température. Les diverses résistances se trouvent placées dans des boîtes en métal extérieurement nickelées et remplies de pétrole; enfin tout l'appareil peut être placé dans une boite à doubles parois nickelées ; on fait le vide à l'intérieur de ces parois de façon à réaliser un *isolement thermique* parfait.

Soit ΔR la variation de la résistance du fil ; si ρ_0 est la résistivité de ce fil à 0^0, S sa section, l sa longueur, α le coefficient de variation avec la température :

$$\Delta R = \rho_0 \frac{l}{S} \alpha . \Delta t;$$

si maintenant δ est la densité du conducteur et c sa chaleur spécifique, nous aurons :

$$\Delta Q = S.l.\delta.c \Delta t,$$

et, par conséquent :

$$\Delta R = \frac{\rho_0 \alpha}{\delta . c} \times \frac{\Delta Q}{S^2}.$$

On voit à la lecture de cette formule qu'on a intérêt à prendre un fil extrèmement fin.

CHAPITRE III

Théorie de Kirchhoff
sur la propagation le long d'un fil.
Vérifications expérimentales.

Propagation de la perturbation le long d'un fil. — Supposons une ligne composée de deux conducteurs parallèles, l'un faisant office de retour, et, au surplus, pouvant être remplacé par la terre. Chacun de ces deux câbles est supposé semblable à lui-même d'un bout à l'autre et leurs positions relatives sont considérées comme immuables tout le long de la canalisation, autrement dit : résistance, self et capacité sont uniformément réparties le long de la ligne. Dans ces conditions, soit, *par unité de longueur* :

R_1 la résistance du premier câble ;
R_2 la résistance du second câble ;
$\mathcal{L}$ le coefficient de self de l'ensemble des deux câbles ;
C la capacité électrostatique du premier par rapport au second.

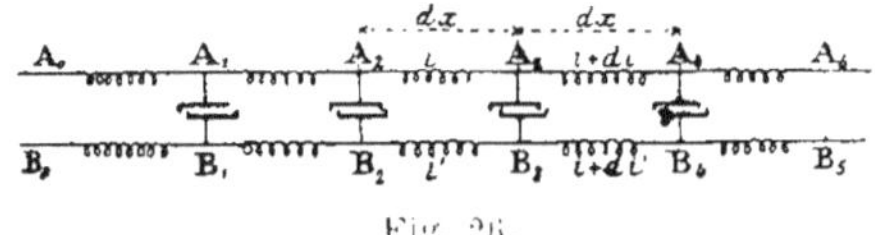

Fig. 26.

Nous pouvons schématiquement représenter nos deux lignes par la figure 26 ; si i est le courant entre A_2A_3, i' celui dans B_3B_2, enfin en appelant i'' le courant dans A_3B_3, nous avons évidemment :

$$di = -\, i'' = +\, di',$$

ou encore :

$$i = i' + C^{te} ;$$

comme au départ, on a :

$$i_0 = i'_0$$

puisque le courant de départ i_0 est égal au courant d'arrivée i'_0 ; nous avons, en tous les cas :

$$i = i'.$$

Soit V_n la différence de potentiel entre les points A_n et B_n, nous aurons, dans le circuit fermé $A_2A_3B_3B_2A_2$:

$$V_2 = R_1 i\,dx + R_2 i'\,dx + \mathcal{L}dx\frac{di}{dt} + V_3,$$

c'est-à-dire :

$$-\frac{\partial V}{\partial x} = (R_1 + R_2)\, i + \mathcal{L}\frac{\partial i}{\partial t},$$

et en posant $R_1 + R_2 = R$:

$$-\frac{\partial V}{\partial x} = Ri + \mathcal{L}\frac{\partial i}{\partial t};\qquad(1)$$

or, nous avons entre A_3 et B_3 :

$$Cdx\frac{\partial V}{\partial t} = i'',$$

c'est-à-dire, d'après ce que nous avons vu plus haut :

$$C\frac{\partial V}{\partial t} = -\frac{\partial i}{\partial x};\qquad(2)$$

entre (1) et (2), éliminons i, nous aurons d'abord, en différentiant la première par rapport à x, la deuxième par rapport à t :

$$-\frac{\partial^2 V}{\partial x^2} = R\frac{\partial i}{\partial x} + \mathcal{L}\frac{\partial^2 i}{\partial t.\partial x}\qquad(3)$$

$$C\frac{\partial^2 V}{\partial t^2} = -\frac{\partial^2 i}{\partial t.\partial x};\qquad(4)$$

l'élimination de $\dfrac{\partial i}{\partial x}$ et de $\dfrac{\partial^2 i}{\partial t.\partial x}$ entre (3) et (4) est évidente et donne :

$$\frac{\partial^2 V}{\partial x^2} - CR\frac{\partial V}{\partial t} - C\mathcal{L}\frac{\partial^2 V}{\partial t^2} = 0.$$

On a donné à cette relation le nom d'*équation des télégraphistes*, la solution générale a été indiquée par M. H. Poincaré dans son ouvrage *les Oscillations Électriques* ([1]) ; cette intégration a été effectuée à l'aide des fonctions de Bessel. Nous n'avons pas à reproduire cette démonstration et sa discussion qui dépassent les cadres de cet ouvrage.

---

[1] Pages 142 et suivantes.

Résolution dans un cas particulier. — Dans la plupart des cas, R est très petit, et CR est pratiquement négligeable devant $C\mathcal{L}$; dans ces conditions l'équation se réduit à :

$$\frac{\partial^2 V}{\partial x^2} - C\mathcal{L}\frac{\partial^2 V}{\partial t^2} = 0 ;$$

c'est la forme classique connue de l'équation des cordes vibrantes que nous avons déjà rencontrée, page 12; nous avons vu que la solution était de la forme :

$$V = \varphi_1(x + vt) + \varphi_2(x - vt),$$

où $v = \dfrac{1}{\sqrt{C\mathcal{L}}}$, φ_1 et φ_2 des fonctions arbitraires ; sous cette écriture, nous avons fait remarquer déjà (page 14) que tout se passait comme si, au point dont la distance à l'origine est x, une perturbation se propageait, à partir de $t = 0$, avec une vitesse v dans un sens, alors qu'une autre perturbation se propageait, à partir de $t = 0$, avec la même vitesse, mais dans l'autre sens.

Cas d'un fil ayant une extrémité isolée et l'autre à la terre. — Pour préciser cette étude, prenons, par exemple, le cas suivant : un des fils se confond avec la terre, tandis qu'une extrémité de l'autre correspondant à $x = l$, est isolée avec soin dans l'espace. Le fait de négliger la résistance R revient à remplacer les équations (1) et (2) par celles-ci :

$$-\frac{\partial V}{\partial x} = \mathcal{L}\frac{\partial i}{\partial t} ; \quad C\frac{\partial V}{\partial t} = -\frac{\partial i}{\partial x}.$$

Ceci nous apprend que, si, en un point donné, i reste constant, quel que soit t, la grandeur V passera par un maximum (ou un minimum) pour cette position. Nous ajouterons que ce qui vient d'être dit pour V, relativement à i, peut se dire pour i, relativement à V.

Or, au point isolé au bout du fil, pour $x = l$, le courant est forcément nul, car si, du temps t_1 au temps t_2, le courant i gardait un signe constant, il y *aurait* accumulation, ou alors il y *avait* accumulation d'électricité, en ce point ; ce point serait donc une des armatures d'un condensateur, ce qui est contre l'hypothèse ; donc, au point extrême isolé, i est constamment nul. En ce point, tout se passe comme si une onde, après être arrivée au bout, rebroussait chemin ; nous nous retrouvons encore en présence de deux ondes à marche opposée, comme cela a lieu pour un tuyau sonore dont une extrémité est fermée. D'après ce que nous avons dit plus haut, V, en ce point, passe par un maximum par rapport aux valeurs correspondant aux points voisins ; cette propriété persiste à tous les instants.

Reprenons l'équation :

$$\frac{\partial^2 V}{\partial x^2} = C\ell^2 \frac{\partial^2 V}{\partial t^2}$$

et supposons qu'à l'extrémité *isolée* du fil, pour $x = l$, nous ayons :

$$V_l = E_0 \cos \frac{2\pi}{T} t,$$

tandis qu'à l'autre bout *connecté avec le sol*, pour $x = 0$, ou en connexion avec un condensateur de grande importance, $V = 0$ *pour toutes les valeurs de t.*

Cherchons si une expression de la forme :

$$V = F(x) \cos \frac{2\pi}{T} t$$

peut être solution de l'équation différentielle ; nous allons, pour faire cette vérification, calculer successivement :

$$\frac{\partial^2 V}{\partial x^2} = \frac{\partial^2 F}{\partial x^2} \cos \frac{2\pi}{T} t,$$

$$C\ell^2 \frac{\partial^2 V}{\partial t^2} = -\frac{4\pi^2}{v^2 T^2} F(x) \cos \frac{2\pi}{T} t,$$

et ainsi, on aura pour déterminer $F(x)$:

$$\frac{\partial^2 F}{\partial x^2} + \frac{4\pi^2}{v^2 T^2} F(x) = 0 \; ;$$

de sorte, qu'en posant $\lambda = v.T$:

$$F(x) = a.\sin \frac{2\pi}{\lambda} x + b \cos \frac{2\pi}{\lambda} x \; ;$$

or, pour $x = 0$, $V = 0$ *quel que soit t* ; donc :

$$F(0) = 0 \text{ et } b = 0,$$

pour $x = l$; nous avons deux valeurs pour V_l :

$$V = E_0. \cos \frac{2\pi}{T} t = a \sin \frac{2\pi}{\lambda} l. \cos \frac{2\pi}{T} t,$$

ce qui entraîne :

$$E_0 = a.\sin\frac{2\pi}{\lambda}l\ ;$$

l'expression générale pour V est donc la suivante :

$$V = a\sin\frac{2\pi}{\lambda}x.\cos\frac{2\pi}{T}t.$$

Comme pour $x = l$, i est constamment nul ; V_l comme nous l'avons vu plus haut, passera, considéré comme fonction de x, par un maximum (ou un minimum), de sorte que :

$$\sin\frac{2\pi.\,l}{\lambda} = \pm\,1 \quad \text{et} \quad E_0 = \pm\,a;$$

nous concluons que le phénomène de propagation ne pourra avoir lieu que si l et λ sont liés par une relation de la forme suivante :

$$\frac{2\pi.\,l}{\lambda} = (2p+1)\frac{\pi}{2}\ (p\ \text{étant un entier}),$$

ou bien :

$$l = (2p+1)\frac{\lambda}{4}. \tag{5}$$

Nous allons utiliser cette dernière formule dans quelques lignes ; calculons d'abord V et i :

$$V = E_0\sin\frac{2\pi x}{\lambda}\cos\frac{2\pi}{T}t, \tag{6}$$

d'où :

$$\frac{\partial V}{\partial t} = -\frac{2\pi\,E_0}{T}\sin\frac{2\pi.\,x}{\lambda}\sin\frac{2\pi}{T}t$$

et ainsi, d'après la formule (2) :

$$\frac{\partial i}{\partial x} = \frac{2\pi CE_0}{T}\sin\frac{2\pi x}{\lambda}\sin\frac{2\pi}{T}t,$$

qui entraîne :

$$i = -\frac{CE_0\lambda}{T}\cos\frac{2\pi x}{\lambda}.\sin\frac{2\pi}{T}t + \Psi(t)\ ;$$

pour $x = l$, nous avons vu que i doit être nul *quel que soit t*, donc $\Psi(t) = 0$; i se réduit ainsi, en remarquant que :

$$\lambda = v.T \quad \text{et} \quad v = \frac{1}{\sqrt{C.\mathcal{L}}}$$

$$i = -E_0\sqrt{\frac{C}{\mathcal{L}}}\cos\frac{2\pi x}{\lambda}\sin\frac{2\pi}{T}t. \tag{7}$$

Nous voyons ainsi que l'intensité est décalée d'un quart de période par rapport à la tension, nous aurons donc, en employant un langage usité en acoustique, un ventre pour l'intensité en tous les points où nous aurons obtenu, *au même moment*, un nœud pour la tension et *vice versa*. D'ailleurs, on peut résumer en un tableau les résultats obtenus ; dans ce tableau :

$$i_0 = \mathrm{E}_0 \sqrt{\frac{\mathrm{C}}{\mathit{L}}} \sin \frac{2\pi}{\mathrm{T}} t, \quad \mathrm{V}_1 = \mathrm{E}_0 \cos \frac{2\pi}{\mathrm{T}} t ;$$

dans les cas examinés, on dit être en présence du *phénomène des ondes stationnaires*.

Distance comptée sur le fil à partir du point connecté avec le sol	INTENSITÉ		TENSION	
	Valeur	Singularité	Singularité	Valeur
0	$-i_0$	ventre	nœud	0
$\dfrac{\lambda}{4}$	0	nœud	ventre	V_1
$\dfrac{\lambda}{2}$	i_0	ventre	nœud	0
$\dfrac{3\lambda}{4}$	0	nœud	ventre	V_1
λ	i_0	ventre	nœud	0
. . . .	. . . . . .	. . . . . .	. . . . . .	. . . . . .
. . . .	. . . . . .	. . . . . .	. . . . . .	. . . . . .
. . . .	. . . . . .	. . . . . .	. . . . . .	. . . . . .
$\dfrac{2p\lambda}{4}$	$-i_0$	ventre	nœud	0
$l = \dfrac{2p + 1}{4}\lambda$	0	nœud	ventre	V_1

Lorsque R n'est pas négligeable, la théorie démontre que le phénomène est soumis aux mêmes lois générales que nous venons d'énoncer, il existe seulement des facteurs d'amortissement ; nous admettrons ces résultats. Nous illustrerons, dans un paragraphe prochain, les conséquences indiquées au tableau ci-dessus en nous plaçant dans des conditions avantageuses d'expérience.

Calcul de la vitesse de propagation. — Calcul de la capacité, de la self-induction d'un fil isolé. — Avant d'aborder le calcul de la vitesse de propagation des perturbations électriques le long d'un fil isolé, il nous est indispensable d'établir au préalable les expressions de la capacité et de la self-induction d'un fil cylindrique *isolé dans l'espace*.

CALCUL DE LA CAPACITÉ. — Considérons deux cylindres concentriques dont la charge, en valeur absolue et par unité de longueur, soit m pour le premier, m' pour le second ; supposons que la longueur du cylindre intérieur soit égal à l et que ce cylindre de rayon r soit symétriquement placé par rapport au plan horizontal xx' (fig. 27) ; supposons que le deuxième cylindre déborde le premier, que son rayon soit R, sa longueur l' symétriquement partagée par le plan horizontal xx'. Nous admettons de plus implicitement que :

$$l.m = l'.m' = \text{masse totale localisée M ;}$$

enfin, si nous supposons $l' > l$, c'est pour pouvoir écrire que toutes les lignes de force issues du premier cylindre aboutissent sur le second.

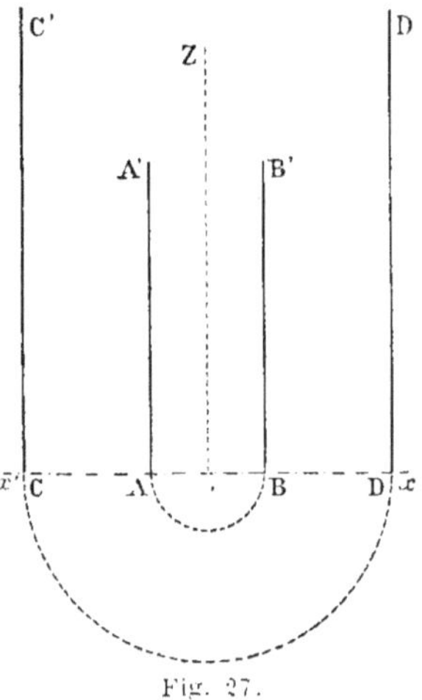

Fig. 27.

Ceci posé, le potentiel *électrostatique* V en 0, milieu de AB est donné par la formule immédiate :

$$V = m \int_{-\frac{l}{2}}^{+\frac{l}{2}} \frac{dz}{\sqrt{r^2 + z^2}} - m' \int_{-\frac{l'}{2}}^{+\frac{l'}{2}} \frac{dz}{\sqrt{R^2 + z^2}},$$

c'est-à-dire :

$$V = \frac{M}{l} \log_e \frac{\frac{l}{2} + \sqrt{r^2 + \left(\frac{l}{2}\right)^2}}{-\frac{l}{2} + \sqrt{r^2 + \left(\frac{l}{2}\right)^2}} - \frac{M}{l'} \log_e \frac{\frac{l'}{2} + \sqrt{R^2 + \left(\frac{l'}{2}\right)^2}}{-\frac{l'}{2} + \sqrt{R^2 + \left(\frac{l'}{2}\right)^2}};$$

faisons croître R indéfiniment et démontrons que le deuxième terme du second membre tend vers zéro ; en effet :

$$\lim \frac{\frac{l'}{2} + \sqrt{R^2 + \left(\frac{l'}{2}\right)^2}}{-\frac{l'}{2} + \sqrt{R^2 + \left(\frac{l'}{2}\right)^2}} = \lim \frac{\frac{l'}{2R} + \sqrt{1 + \left(\frac{l'}{2R}\right)^2}}{-\frac{l'}{2R} + \sqrt{1 + \left(\frac{l'}{2R}\right)^2}} = 1 ;$$

quant à la première, il faut observer que notre étude vise des utilisations pratiques, de sorte que l est *très grand* par rapport à r, c'est-à-dire que :

$$\frac{\frac{l}{2} + \sqrt{r^2 + \left(\frac{l}{2}\right)^2}}{-\frac{l}{2} + \sqrt{r^2 + \left(\frac{l}{2}\right)^2}} = \frac{\left[\frac{l}{2} + \sqrt{r^2 + \left(\frac{l}{2}\right)^2}\right]^2}{r^2} = \frac{l^2}{r^2} \text{ (à un infiniment petit près)};$$

notre formule se réduit ainsi à :

$$V = \frac{M}{l} \log_e \frac{l^2}{r^2}$$

et

$$C = \frac{M}{V} = \frac{l}{2 \log_e \dfrac{l}{r}},$$

finalement la capacité par *unité de longueur* d'un tel fil isolé dans l'espace, de *longueur l* est donnée par l'expression :

$$C = \frac{1}{2 \log_e \dfrac{l}{r}}.$$

CAS DE LA SELF-INDUCTION. — Nous avons vu, fascicule 5, page 62, que, pour les *hautes fréquences*, le courant se portait à la périphérie du conducteur ; à la page suivante, nous avons évalué sur un exemple la faible épaisseur intéressée par le courant dans l'hypothèse des fréquences élevées ; nous pouvons donc légitimement admettre dans une démonstration que le courant est localisé à la surface externe même du conducteur.

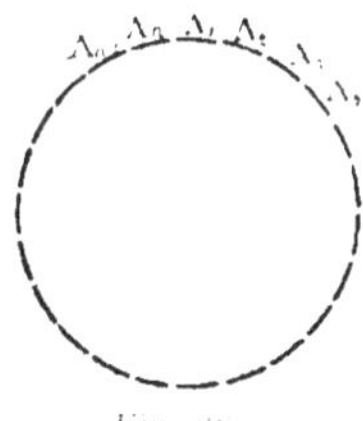

Soit I ce courant ; partageons la surface circulaire externe du conducteur en n parties égales correspondant aux n sommets d'un polygone inscrit (fig. 28) ; chaque partie sera parcourue par le courant $\dfrac{I}{n}$, une quelconque de ces parties aura, avec chacune des $(n-1)$ autres, une énergie mutuelle, de sorte qu'ayant $n(n-1)$ combinaisons de conducteurs élémentaires deux à deux, nous aurons, pour expression de l'énergie de self-induction du conducteur total, la moitié de la somme de ces $n\,(n-1)$ énergies mutuelles. On se rendra facilement compte plus loin de la raison qui ne nous fait considérer que la moitié de la somme.

Nous allons calculer d'abord l'énergie mutuelle de deux conducteurs AB et A′B′, parallèles à la façon des côtés opposés d'un rectangle, de longueur l, parcourus chacun par un courant de même sens égal à $\dfrac{\mathrm{I}}{n}$ (fig. 29).

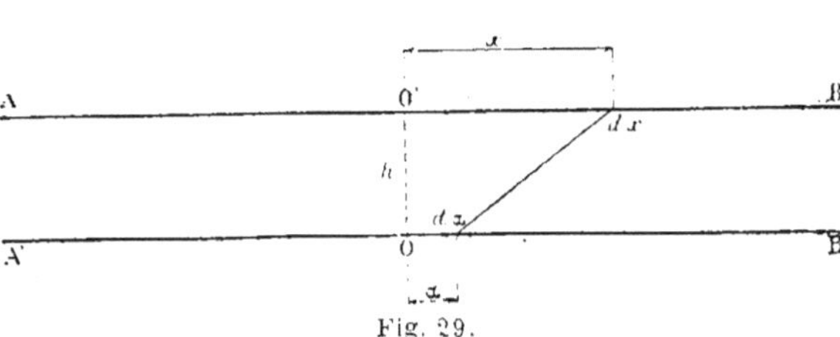

Fig. 29.

Soient, de plus, h la distance de ces deux conducteurs, O et O′ les milieux de ces deux conducteurs, OO′ est donc perpendiculaire sur ces conducteurs ; sur l'un, prenons un élément de longueur $d\alpha$ à la distance α de O, puis sur l'autre, un élément de longueur dx à la distance x de O′, nous devons calculer, à l'aide de la formule de Neumann, fasc. IV, page 38 :

$$d^2\mathrm{W} = \frac{\mathrm{I}^2}{n^2} \int_{-\frac{l}{2}}^{+\frac{l}{2}} d\alpha \int_{-\frac{l}{2}}^{+\frac{l}{2}} \frac{dx}{\sqrt{(x-\alpha)^2 + h^2}},$$

ou encore :

$$d^2\mathrm{W} = \frac{\mathrm{I}^2}{n^2} \int_{-\frac{l}{2}}^{+\frac{l}{2}} \log_e \frac{\frac{l}{2}-\alpha + \sqrt{\left(\frac{l}{2}-\alpha\right)^2 + h^2}}{-\left(\frac{l}{2}+\alpha\right) + \sqrt{\left(\frac{l}{2}+\alpha\right)^2 + h^2}}\, d\alpha.$$

Calculons séparément chacune des deux parties de cette intégrale :

$$\mathrm{Z}_1 = \int_{-\frac{l}{2}}^{+\frac{l}{2}} \log_e \left(\frac{l}{2}-\alpha + \sqrt{\left(\frac{l}{2}-\alpha\right)^2 + h^2}\right) d\alpha,$$

$$\mathrm{Z}_2 = \int_{-\frac{l}{2}}^{+\frac{l}{2}} \log_e \left(-\frac{l}{2}-\alpha + \sqrt{\left(\frac{l}{2}+\alpha\right)^2 + h^2}\right) d\alpha ;$$

le calcul pourra s'effectuer par parties ; posons dans ce but :

$$u = \frac{l}{2}-\alpha, \quad du = -\,d\alpha$$

$$\mathrm{Z}_1 = -\int_{l}^{0} \log_e \left(u + \sqrt{u^2 + h^2}\right) du = \int_{0}^{l} \log_e \left(u + \sqrt{u^2 + h^2}\right) du,$$

d'où :

$$Z_1 = \left[\ u \log_e (u + \sqrt{u^2 + h^2})\ \right]_0^l - \left[\ (u^2 + h^2)^{\frac{1}{2}}\ \right]_0^l ;$$

donc :

$$Z_1 = l \log_e (l + \sqrt{l^2 + h^2}) - (l^2 + h^2)^{\frac{1}{2}} + h ;$$

pour calculer Z_2, nous poserons :

$$v = -\left(\frac{l}{2} + x\right), \quad dv = - dx$$

$$Z_2 = \int_{-l}^{0} \log_e (v + \sqrt{v^2 + h^2})\, dv,$$

donc :

$$Z_2 = \left[\ v \log_e (v + \sqrt{v^2 + h^2})\ \right]_{-l}^{0} - \left[\ (v^2 + h^2)^{\frac{1}{2}}\ \right]_{-l}^{0} ;$$

c'est-à-dire :

$$Z_2 = l. \log_e (- l + \sqrt{l^2 + h^2}) - h + (l^2 + h^2)^{\frac{1}{2}}.$$

Reprenons l'expression donnant d^2W :

$$d^2W = \frac{I^2}{n^2} (Z_1 - Z_2)$$

$$= \frac{I^2}{n^2} \left[\ l \log_e \frac{l + \sqrt{l^2 + h^2}}{- l + \sqrt{l^2 + h^2}} + 2h - 2 (l^2 + h^2)^{\frac{1}{2}}\ \right] ;$$

or :

$$\log_e \frac{l + \sqrt{l^2 + h^2}}{- l + \sqrt{l^2 + h^2}} = \log_e \frac{(l + \sqrt{l^2 + h^2})^2}{h^2} ,$$

mais h est toujours *très petit* devant l, et ainsi :

$$\log_e \frac{l + \sqrt{l^2 + h^2}}{- l + \sqrt{l^2 + h^2}} = \log_e \frac{4l^2}{h^2} = 2 \log_e \frac{2l}{h}$$

$$2h - 2 \left(l^2 + h^2\right)^{\frac{1}{2}} = 2l,$$

de sorte que d^2W peut s'écrire, en négligeant les infiniment petits :

$$d^2W = \frac{2.I^2 l}{n^2} \left[\ \log_e \frac{2l}{h} - 1\ \right]. \tag{A}$$

Ceci établi, reprenons le calcul en évaluant la somme des diverses
énergies mutuelles relatives à un conducteur superficiel élémentaire

et à chacun des $(n-1)$ autres conducteurs semblables en lesquels le courant total superficiel se trouve réparti.

Nous aurons, en appelant r le rayon du gros conducteur, n le nombre des conducteurs superficiels élémentaires, p le numéro d'ordre de l'un quelconque de ces conducteurs, nous aurons pour valeur des h correspondants (fig. 30) :

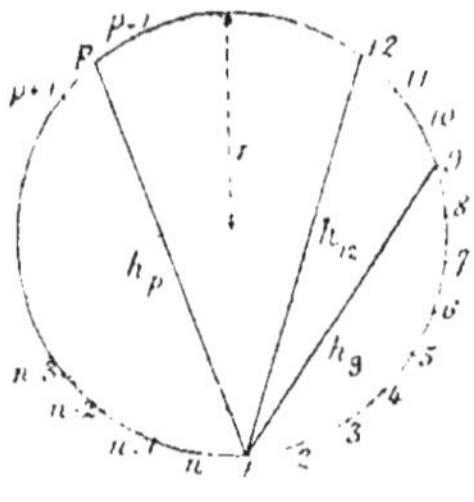

$$h_p = 2r \sin \frac{2p\pi}{n} ;$$

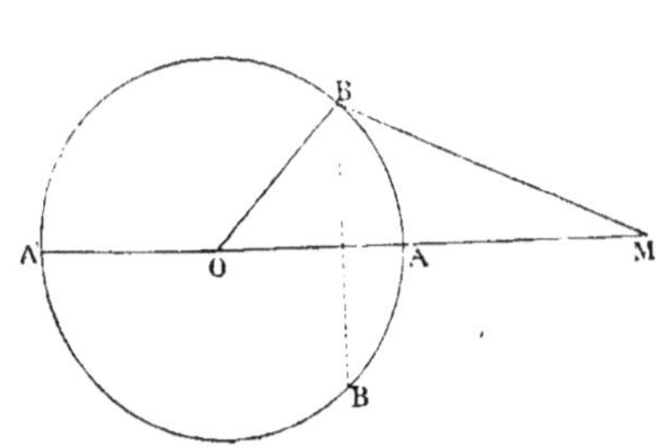

Fig. 30.

la somme des $(n-1)$ énergies mutuelles obtenues en partant d'un conducteur élémentaire sera :

$$dW = \frac{2I^2}{n^2} l \left[(n-1) \log_e 2l - \log_e h_2.h_3...h_p...h_n - (n-1) \right];$$

le théorème de la géométrie élémentaire dû à Cotes [1] nous permet d'écrire :

$$h_2 h_3 h_4 .....h_p ....h_n = nr^{n-1},$$

---

[1] Si on résout l'équation $x^n - r^n = 0$, on trouve facilement, si n est pair :

$$(x^n - r^n) = (x^2 - r^2)(x^2 - 2r \cos \frac{2\pi}{n} . x + r^2).......... (x^2 - 2r \cos \frac{2p\pi}{n} . x + r^2)$$

$$\times (x^2 - 2r. \cos \frac{(n-2)\pi}{n} . x + r^2),$$

et, si n est impair :

$$x^n - r^n = (x - r)(x^2 - 2r. \cos \frac{2\pi}{n} . x + r^2).....(x^2 - 2r \cos \frac{2p.\pi}{n} . x + r^2).............$$

$$\times (x^2 - 2r. \cos \frac{2(n-1)\pi}{n} . x + r^2).$$

L'interprétation géométrique de ces deux formules conduit au théorème de Cotes.

Décrivons un cercle de rayon égal à r (fig. 31), puis menons un diamètre AA', enfin de A comme point de départ, divisons la circonférence en n parties égales; si M est un point de OA, tel que OM $= x$, on aura en joignant M à un des points B de divisions de la circonférence :

$$\overline{MB}^2 = \overline{OB}^2 - \overline{OM}^2 - 2. OB. OM. \cos BOA,$$

ou encore, si B' est le symétrique de B par rapport à OA :

$$MB. MB' = x^2 + r^2 - 2xr \cos \frac{2p\pi}{n} ;$$

Fig. 31.

si l'on agissait de même pour tous les points du même côté d'un diamètre, on aurait le produit des distances de M à tous les points de division de la circonférence, c'est-à-dire qu'en désignant par P le produit de toutes ces distances à M, sauf MA, nous aurions :

$$x^n - r^n = MA. P ;$$

comme :

$$MA = x - r,$$

nous tirons :

$$x^{n-1} + x^{n-1}. r + x^{n-2}. r^2 + ... + r^{n-1} = P ;$$

supposons maintenant M confondu avec A, alors $x = r$, et

$$nr^{n-1} = P. \qquad\qquad C.Q.F.D.$$

et ainsi :

$$dW = \frac{2I^2\,(n-1)\,l}{n^2}\left[\log_e 2l - \log_e r - \frac{\log_e n}{n-1} - 1\right].$$

Si nous répétons la même opération en prenant successivement chaque conducteur élémentaire comme point de départ, pour en effectuer ensuite la somme, nous aurons pris deux fois la même énergie mutuelle, de sorte que le double de l'énergie intrinsèque, soit $\mathcal{L}'I^2$, aura pour expression :

$$\mathcal{L}'I^2 = \frac{n-1}{n}\,(2I^2 l)\left[\log_e \frac{2l}{r} - 1 - \frac{\log_e n}{n-1}\right];$$

lorsque n croîtra indéfiniment, nous aurons :

$$\lim \frac{n-1}{n} = 1, \qquad \lim \frac{\log_e n}{n-1} = 0,$$

par conséquent :

$$\mathcal{L}' = 2l\left[\log_e \frac{2l}{r} - 1\right]$$

la self-induction $\mathcal{L}$ par *unité de longueur* sera après avoir remarqué que la longueur du fil est l :

$$\mathcal{L} = 2\left[\log_e \frac{2l}{r} - 1\right].$$

On peut encore écrire cette expression sous la forme suivante :

$$\mathcal{L} = 2\left[\log_e \frac{l}{r} + \log_e 2 - 1\right] = 2\left[\log_e \frac{l}{r} + 0{,}693 - 1\right]$$

$$\mathcal{L} = 2\left[\log_e \frac{l}{r} - 0{,}307\right].$$

CALCUL DE LA VITESSE DE PROPAGATION. — La vitesse de propagation de la perturbation est donnée par l'expression $\dfrac{1}{\sqrt{C\mathcal{L}}}$, mais il faut observer que les grandeurs $\mathcal{L}$ et Cy sont supposées exprimées dans le même système d'unités ; *choisissons le système électromagnétique*, alors :

$$\mathcal{L}_m = 2\left[\log_e \frac{l}{r} - 0{,}307\right];$$

en pratique, l peut valoir 10^6 centimètres, tandis que r, pour les fils télégraphiques, en particulier, vaut 2×10^{-1}, de sorte que :

$$\frac{l}{r} = \frac{10^7}{2};$$

si donc, on néglige le terme — 0,307 dans la parenthèse exprimant la self-induction par unité de longueur du fil conducteur, l'erreur commise sera inférieure à 2 %.

En unités électrostatiques, la capacité par unité de longueur du fil s'exprime par :

$$C_s = \frac{1}{2 \log_e \frac{l}{r}}.$$

or, nous verrons, un peu plus loin (page 91), que si C_m est la mesure de la même capacité en unités électro-magnétiques, on a :

$$C_m = \frac{C_s}{\theta^2}.$$

θ étant le rapport des unités de même espèce dans les deux systèmes rationnels d'unités adoptées : le système U.E.M et le système U.E.S, de sorte qu'on a très sensiblement :

$$v = \frac{1}{\sqrt{C_m \mathcal{L}_m}} = \frac{1}{\sqrt{\frac{1}{2 \log_e \frac{l}{r}} \times 2 \log_e \frac{l}{r} \times \frac{1}{\theta^2}}} = \theta.$$

Mais Weber et Kohlrausch avaient trouvé déjà en 1856 pour θ une valeur $3{,}107 \times 10^{10}$ cm/s égale à la vitesse de la lumière, ces travaux ont été confirmés par ceux de savants postérieurs, dont Maxwell et Sir W. Thomson. Comme conclusion, nous voyons que la vitesse de propagation d'une perturbation peut être, *avec l'ancienne électro-dynamique*, démontrée comme égale à la vitesse de la lumière, en se plaçant dans des conditions particulières.

Vérifications expérimentales des calculs précédents. — Mise en évidence de l'existence d'ondes stationnaires. — La valeur ordinairement très grande de l'expression $C.\mathcal{L}$, à laquelle est égale la vitesse de propagation, ne permet pas de mettre facilement en évidence le phénomène ondulatoire de la propagation. On peut augmenter C et $\mathcal{L}$, de façon très notoire, en effectuant un enroulement solénoïdal cylindrique en spires plus ou moins serrées ; on peut se rendre compte qu'à une longueur d'un centimètre de solénoïde, puisse équivaloir une longueur de 15 à 30 mètres en fil tendu ; de plus, C et $\mathcal{L}$ augmentant alors dans de grandes proportions, la vitesse de propagation se trouve diminuée dans le même rapport. Le coefficient de self-induction $\mathcal{L}$ d'un solénoïde de longueur l, de diamètre d, de n tours est, suivant une formule établie :

$$\mathcal{L} = \frac{4\pi n^2 S}{l}.$$

en posant $n' = \dfrac{n}{l}$, on obtient :

$$\mathcal{L} = \pi^2 n'^2 d^2 . l$$

la self-induction, par unité de longueur de solénoïde, devient :

$$\mathcal{L}' = \pi^2 n'^2 d^2 ;$$

de ce qui précède, il résulte qu'un solénoïde se comporte comme un conducteur filiforme de même longueur, mais qui aurait alors une capacité et une self-induction très appréciable par unité de longueur.

Prenons un solénoïde AB, isolons une de ses extrémités A et relions l'autre B à la terre ; attaquons ensuite *par in- duction* le solénoïde au moyen d'un circuit excitateur dans lequel sont pro- duites des oscillations de période con- venable. Ce circuit excitateur (fig. 32) se compose d'une spire enveloppant le solénoïde AB, d'un condensateur C, le plus ordinairement constitué de jarres formant bouteilles de Leyde, d'une bobine de self variable ([1]) et d'un éclateur ab relié aux pôles d'une bobine d'induction. Dans le dispositif indiqué par la figure, nous attaquons du côté de l'extrémité reliée à la terre, car, de ce côté, nous devons avoir un ventre d'intensité. Lorsque le réglage de C et de $\mathcal{L}$ est effectué, on peut, en promenant un tube à vide le long du cylindre et *parallèlement* au plan des spires, constater que celui-ci s'illumine en A et est obscur en B.

Remarquons immédiatement l'analogie entre ce phénomène et celui

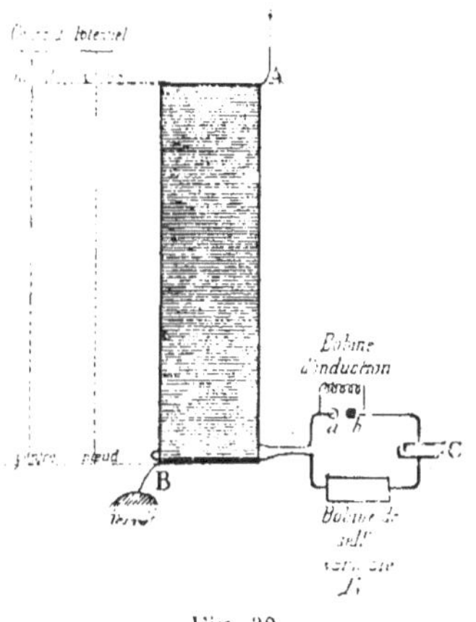

Fig. 32.

présenté par la vibration d'un tuyau fermé. Pour faire naître des ondes sonores stationnaires dans un tuyau, nous devons, à l'aide d'un diapason, produire des vibrations de période *convenable*, de même qu'ici nous devons provoquer des oscillations de période conve-

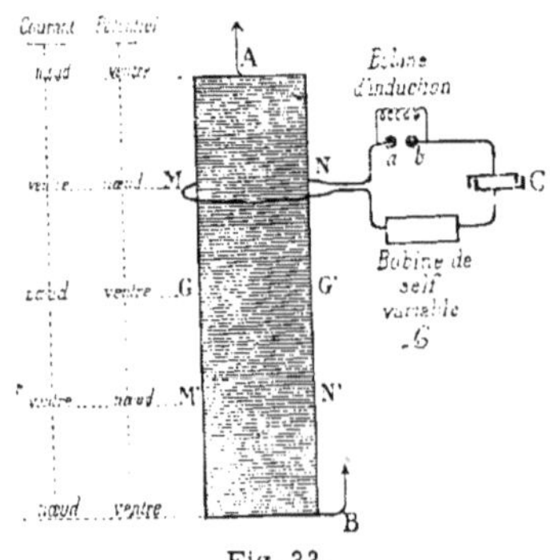

Fig. 33.

nable. Notre circuit excitateur étant réglé de façon à répondre à la description du phénomène précédent, faisons en sorte de diminuer la capacité de ce circuit dans le rapport de 16 à 1, il sera très facile d'arriver à ce but de la façon suivante : dans le premier cas, nous avons, avec notre bobine de réglage, fait en sorte que notre capacité, dans cette première expérience, soit constituée par 4 éléments égaux entre eux montés en parallèle, il suffira

alors de mettre ces 4 éléments en cascade pour obtenir une capacité 16 fois moins considérable, la période du circuit excitateur sera réduit dans le rapport de 4 à 1, sans qu'il soit besoin de *toucher au réglage de la bobine* de self variable. Dans ces conditions, en attaquant le cylindre par la spire du circuit excitateur disposée en MN aux trois

quarts de la hauteur à partir de la base, en isolant les extrémités A et B du fil du solénoïde (fig. 33), on produira dans le solénoïde trois ventres de tension en A, G et B et deux nœuds en M et M'.

Si l'on diminue la capacité, correspondant au réglage du premier cas, dans le rapport de 25 à 1 sans toucher à la self de réglage, puis qu'en laissant libre l'extrémité A, ayant relié à la terre l'extrémité B, on vienne à attaquer le solénoïde aux 4/5 de la hauteur à partir de la base, on obtiendra (fig. 34) trois ventres et trois nœuds disposés comme l'indique

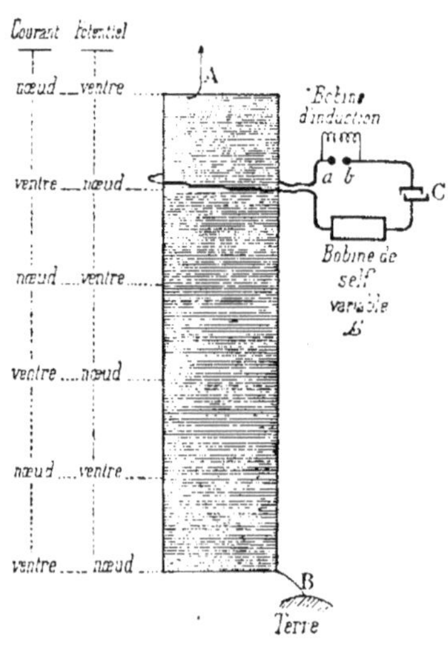

Fig. 34.

la figure. Ces nœuds et ces ventres peuvent être décélés à l'aide des tubes à vide luminescents ; on peut encore employer de petites lampes à incandescence intercalées le long du solénoïde, ces lampes s'allument aux ventres du courant correspondant aux nœuds des tensions.

Oudin a proposé une simplification au montage précédent ; au lieu d'exciter le solénoïde par un circuit absolument indépendant, il utilise une partie du solénoïde lui-même pour tenir l'emploi des spires excitatrices et de la bobine variable de self. La figure 35 indique schématiquement le montage de l'appareil ; dans la pratique, T est un curseur mobile grâce auquel on peut introduire un nom-

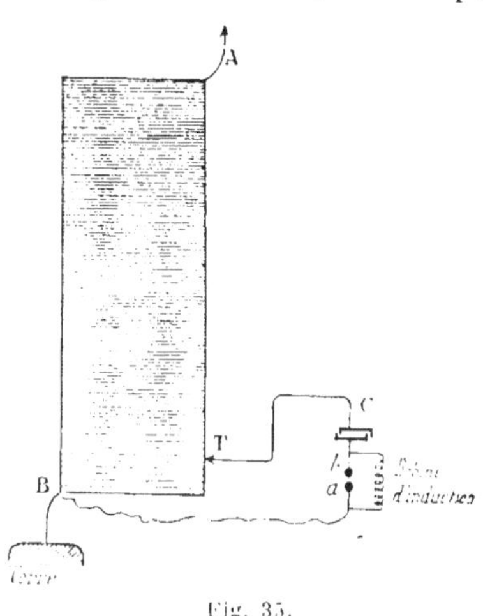

Fig. 35.

bre variable de spires du solénoïde dans le circuit excitateur. On obtient, avec le montage du Dr Oudin, une tension très grande, bien supérieure à celles des décharges du circuit excitateur ; d'ailleurs, on peut constater dans l'emploi de cet appareil la production d'effluves aux extrémités du solénoïde, c'est là un indice certain d'une tension très élevée.

Expériences faites pour mesurer la vitesse de propagation. — La première tentative pour mesurer la vitesse de propagation de l'électricité fut faite par Wheatstone qui trouva, en 1834, la valeur de 460.000 kilomètres-seconde. Fizeau et Gounelle en 1850 arrivèrent à trouver 180.000 kilomètres-seconde ; puis Siemens, en 1876 assigna une vitesse de 260.000 kilomètres-seconde.

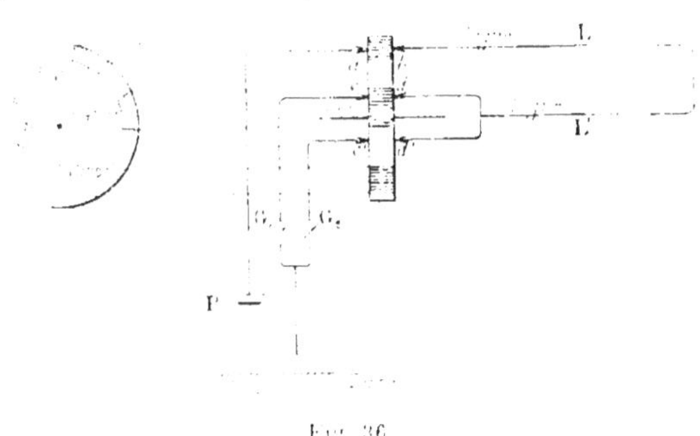

Fig. 36.

Nous allons, avant de décrire la méthode très simple et très remarquable de M. Blondlot, indiquer le dispositif adopté par Fizeau et Gounelle.

La méthode procède de la même idée que celle utilisée par Fizeau pour déterminer la vitesse de la lumière. Une pile P a un de ses pôles réuni au sol (fig. 36), l'autre pôle est relié à un balai a frottant sur une roue mobile partagée en secteurs alternativement isolants et conducteurs ; vis-à-vis du balai a, est disposé un autre balai b qui communique avec une ligne L ; l'autre extrémité de cette ligne est connectée à la fois à deux balais dd' frottant sur la roue mobile et décalés de la longueur d'un secteur exactement, d et d' correspondent respectivement à deux balais c et c' ; ces derniers balais sont reliés chacun à un galvanomètre, enfin les circuits sont fermés en rattachant chacune des bornes libres de ces galvanomètres à la terre.

Les secteurs, au nombre de trente-six, étaient disposés uniformément le long de la roue, les balais étaient fixés de façon à ce que les communications entre a et b d'une part, c et d d'autre part, soient ouvertes ou fermées au même instant ; c' et d', au contraire, communiquaient lorsque a et b étaient isolés et inversement.

Donnons à la roue un mouvement de rotation rapide; si le temps employé par un secteur isolant pour prendre la place exacte d'un secteur conducteur est égal au temps que le courant doit mettre pour parcourir la ligne ; le circuit se trouve toujours, au moment de l'arrivée de l'onde, fermé en $c'd'$ et ouvert en cd ; le galvanomètre G_2 donnera alors une déviation. Si maintenant, on augmente la vitesse de rotation de la roue en bois, il va arriver un moment où le temps nécessaire au courant pour parcourir la ligne, sera égal au temps mis par un secteur conducteur à prendre la place du secteur conducteur précédent, le courant, à la fin de son trajet, trouvera ainsi le chemin interrompu en $c'd'$ et libre seulement suivant cd ; le galvanomètre G_1 marquera seul une déviation. Donc, en faisant tourner la roue de plus en plus vite, on voit la déviation de G_2 augmenter d'abord. pour diminuer ensuite jusqu'au repos, tandis que G_1 effectuera les mêmes cycles de mouvement en sens inverse ; on conçoit donc qu'on puisse facilement, connaissant la vitesse de rotation de la roue et la longueur des lignes, déterminer la vitesse de l'électricité. Cette méthode, en pratique, ne peut toutefois donner des résultats appréciables, la perturbation due à une interruption de courant sous les balais ab n'est pas assez rapide pour pouvoir être considérée comme instantanée; de plus. il règne une grande incertitude dans le réglage. Il est donc absolument nécessaire d'obtenir des perturbations extrêmement brusques, telles celles qui interviennent dans la décharge d'un condensateur ; c'est sur cette idée qu'est basée la méthode de M. Blondlot que nous allons décrire.

Méthode directe pour évaluer la vitesse de propagation. — M. Blondlot, professeur à Nancy, a effectué la mesure directe de la vitesse de propagation d'une perturbation électrique le long d'un fil, il a trouvé que cette vitesse était égale à la vitesse de la lumière.

M. Blondlot utilise deux bouteilles de Leyde qu'il dispose en cascade (fig. 37) ; les armatures intérieures correspondent avec les pôles d'une machine de Wimshurst, l'armature extérieure de chaque bouteille est divisée en deux parties ; a communique avec a', b avec b' par l'intermédiaire de cordes mouillées. Ces cordes sont assez conductrices pour la charge lente, sans l'être assez lors d'une décharge brusque ; elle ne joue *aucun rôle* dans ce cas.

Les armatures a et a' comportent deux petits prolongements en pointes formant micromètre à étincelles. Les armatures b et b' ne sont pas directement reliées au précédent micromètre à étincelles, mais y sont réunies par l'intermédiaire d'une ligne télégraphique représentée schématiquement sur la figure 37 par les lignes $cc'c'$.

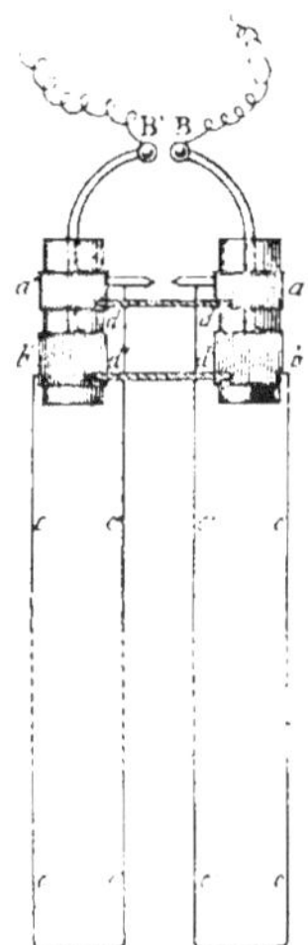

Fig. 37.

Lorsqu'en BB' une étincelle éclate, successivement deux étincelles éclatent entre les pointes α et α' du micromètre à étincelles. La première étincelle est due à la décharge de a et a', la deuxième étincelle est due à la décharge de b et b' ; cette décharge ne se fait pas directement, car, avant d'atteindre α et α', les charges ont à se déplacer, le long des fils télégraphiques, de plusieurs kilomètres représentés par les traits cc', cc'.

Le temps qui sépare l'éclatement des deux étincelles est mesuré au miroir tournant ; connaissant la longueur totale des fils télégraphiques cc', cc', rien n'est plus facile que de déduire la vitesse de déplacement d'une perturbation.

Par cette méthode, M. Blondlot a trouvé une vitesse pour la *propagation* de l'électricité *dans les fils* égale à 298.000 kilomètres par seconde. La ligne avait 1 kilomètre de longueur dans une première expérience et était composée de fils de cuivre, elle avait 1.800 mètres dans une deuxième épreuve.

CHAPITRE IV

La Théorie de Maxwell.
Les équations de Maxwell-Hertz.
Théorème de Poynting.

Rappel d'une expérience classique. — Courants de déplacement, courants de conduction. — Considérons, disposés en série, un galvanomètre balistique AB, un condensateur C; disposons cet ensemble de telle sorte que, par l'intermédiaire d'une clé à deux directions SS', nous puissions obtenir, soit un circuit complet composé du galvanomètre G, du condensateur C, de la pile E, ou bien des mêmes galvanomètre. condensateur et d'une résistance R (fig. 38).

Si nous appuyons SS' sur le bouton Q, nous verrons un lancer de l'équipage mobile du galvanomètre immédiatement suivi d'un retour au zéro ; ceci nous indique qu'entre deux états électrostatiques : celui correspondant au circuit ouvert et celui correspondant à la fin de la charge du condensateur, il y a eu un état intermédiaire *dynamique*. Si le condensateur eut été remplacé par un conducteur, l'état dynamique se fut maintenu. de sorte qu'on peut comparer le rôle du diélectrique dans le condensateur à celui d'un ressort laissant s'effectuer un premier déplacement sous l'action d'un effort, mais dont le bandage arrêterait bientôt toute possibilité de mouvement. Changeons maintenant SS' de position, de façon que S vienne appuyer sur P, un lancer de sens inverse du premier sera révélé par l'équipage mobile du galvanomètre balistique ; ainsi, tout se passera, dans cette deuxième phase d'opérations, comme si le ressort se détendait en ramenant tous les objets dans une position *non contrainte*.

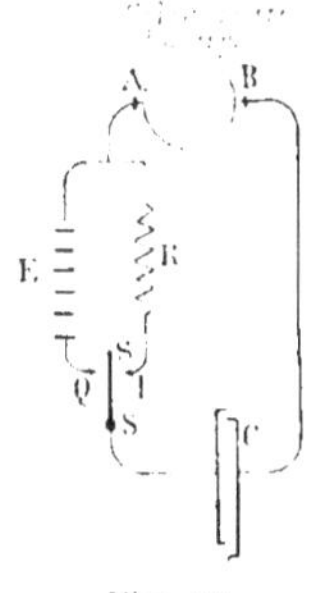

Il y a eu, sauf dans le condensateur, phénomène de courant électrique. éphémère il est vrai ; le galvanomètre révèle ce fait *indéniablement*. Maxwell *admet* qu'au cours de cette période variable, il y a eu également phénomène de courant dans le diélectrique du conden-

sateur, mais phénomène de l'espèce suivante : le condensateur, au
prime début de la mise en circuit de la pile, a vu commencer un *déplacement* d'électricité dans le diélectrique, mais la nature des diélectriques est telle qu'au bout d'un très court instant le *déplacement* de
courant cesse, comme arrêté par une sorte *d'élasticité électrique*,
dès que les tensions de cette élasticité seront susceptibles de contre-
balancer la force électromotrice de la pile. Maxwell a appelé ces
courants : *courants de déplacement* ; aux courants jusqu'ici étudiés,
il a donné le nom de courant de conduction.

**Application au courant de déplacement de propriétés démontrées
pour les courants de conduction.** — Supposons un circuit S_1 composé
d'un condensateur C constamment bouclé sur une résistance R ;
considérons ensuite dans le voisinage de S_1 un circuit fixe S_2 par-

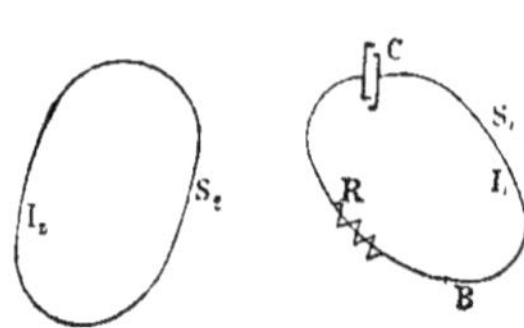

Fig. 39.

couru par un courant I_2 dont le sens de
variation, dans l'intervalle de temps compris entre 0 et τ reste toujours le même
(fig. 39). Dans ces conditions, le circuit
S_1 sera le siège d'une force électromotrice
induite toujours croissante (ou décrois-
sante), de sorte que de 0 à τ, ce circuit
sera parcouru par un courant que nous appellerons I_1. Nous avons,
pour chaque portion ds de S_1, un potentiel vecteur (fascicule 5,
pages 44 et 45), dont les composantes sont F, G, H. Si ds occupe la
position B dans l'espace, nous aurons, après avoir posé [1] :

$$ X = -\frac{dF}{dt}, \quad Y = -\frac{dG}{dt}, \quad Z = -\frac{dH}{dt}, $$

pour expression de la force électromotrice élémentaire de la portion
ds de S_1 :

$$ e = Xdx + Ydy + Zdz, $$

dx, dy, dz étant les composantes du vecteur ds. L'énergie instantanée
en jeu pendant le temps dt compris dans l'intervalle 0 à τ sera :

$$ d\mathfrak{S} = eI_1 dt = XI_1 dx.dt + YI_1 dy.dt + ZI_1 dz.dt. $$

Au lieu de supposer B situé sur la partie conductrice du circuit,
plaçons-le dans le diélectrique du condensateur. Découpons dans le
condensateur un petit condensateur comprenant B à son intérieur,

---

[1] Nous admettons, en ce point de la démonstration, qu'il n'existe pas de champ électrostatique.

dont la surface d'armature sera $d\sigma$ et dont l'épaisseur sera celle du diélectrique, c'est-à-dire ds. Comme première généralisation de Maxwell, *étendons aux courants de déplacement les propriétés trouvées pour les courants de conduction.*

Nous appellerons i le courant de déplacement par unité de section au point B du diélectrique, de sorte que l'expression $i.dt$ est la quantité d'électricité qui traverse l'unité de section pendant le temps dt ; par suite, le vecteur i de composantes :

$$u = i\frac{dx}{ds}, \quad v = i\frac{dy}{ds}, \quad w = i\frac{dz}{ds},$$

représente le *taux de déplacement d'électrtcité au temps t* et au point B du diélectrique.

Au point B, à travers la surface $d\sigma$ et pendant le temps dt, les composantes du courant de déplacement seront :

$$i.d\sigma.\frac{dx}{ds}, \quad i.d\sigma.\frac{dy}{ds}, \quad i.d\sigma.\frac{dz}{ds}.$$

L'énergie instantanée au point B s'exprimera donc par la formule :

$$d\tilde{\omega} = X.i.d\sigma.dx.dt + \ldots\ldots\ldots + Z.i.d\sigma.dz.dt,$$

c'est-à-dire en tenant compte des définitions précédentes :

$$d\tilde{\omega} = (X.u + Y.v + Z.w)\, d\sigma.ds.dt,$$

or, $d\sigma.ds$ est le volume élémentaire $d\omega$ du diélectrique au point B, nous aurons donc :

$$d\tilde{\omega} = (X.u + Y.v + Z.w)\, dt.d\omega.$$

Continuant encore ces généralisations, *nous admettrons*, après avoir remarqué que le vecteur force électrique de composantes X, Y, Z est homogène à une force électrique déjà définie en électrostatique ([1]) : *l'unicité de force électrique, c'est-à-dire nous admettrons que le vecteur de composantes* X, Y, Z *représente une entité de nature identique à celle de la force électrique définie en électrostatique.* Ceci entendu, nous nous rappellerons (fascicule 1er, page 96) que l'énergie emmagasinée dans le diélectrique du condensateur est égale dans le *système d'unites électromagnétiques* CGS, à :

$$\tilde{\omega} = \frac{k}{8\pi}(X^2 + Y^2 + Z^2)\, d\omega ;$$

([1]) Cette homogénéité découle de l'égalité établie plus haut :

$$d\tilde{\omega} = X\,(I_1.dt)\,dx + Y\,(I_1 dt)\,dy + Z\,(I_1 dt)\,dz ;$$

on voit que le vecteur (XYZ) donne un travail en déplaçant, sur une longueur ds, une quantité d'électricité, ainsi que cela a lieu en électrostatique.

k est un coefficient qui correspond à la constante diélectrique électrostatique K. Nous noterons soigneusement que ce coefficient k, *en unités électromagnétiques*, n'est pas un nombre indépendant du choix des unités principales, mais, au contraire, changeant en même temps que ces unités fondamentales. De l'égalité précédente, on déduira immédiatement :

$$d\mathfrak{E} = \frac{k}{4\pi}\left(X\frac{\partial X}{\partial t} + Y\frac{\partial Y}{\partial t} + Z\frac{\partial Z}{\partial t}\right) d\varpi.\, dt.$$

en comparant avec l'expression de $d\mathfrak{E}$ obtenue plus haut, nous tirons facilement les *relations fondamentales* suivantes :

$$u = \frac{k}{4\pi}\frac{\partial X}{\partial t}, \qquad v = \frac{k}{4\pi}\frac{\partial Y}{\partial t}, \qquad w = \frac{k}{4\pi}\frac{\partial Z}{\partial t};$$

Le fluide hypothétique appelé courant doit être considéré comme incompressible. — Considérons le même courant inducteur (fig. 40), et un *point fixe* B de l'espace de coordonnées α, β, γ, nous aurons pour valeur des composantes du potentiel vecteur en B :

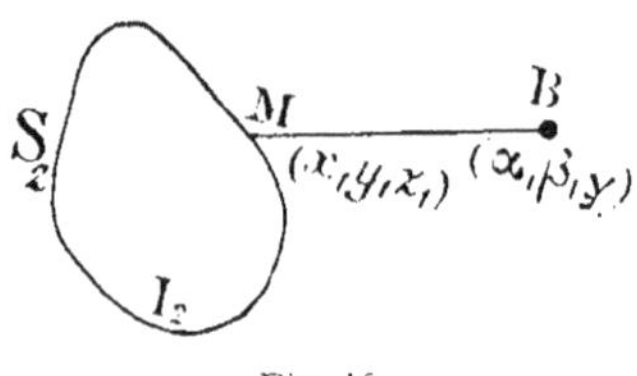

Fig. 40.

$$F = \int_{S_2} I_2\frac{dx}{r}, \quad G = \int_{S_2} I_2\frac{dy}{r}, \quad H = \int_{S_2} I_2\frac{dz}{r};$$

c'est-à-dire que :

$$\frac{\partial F}{\partial \alpha} = \int_{S_2} I_2\frac{x-\alpha}{r^3}\,dx, \qquad \frac{\partial G}{\partial \beta} = \int_{S_2} I_2\frac{y-\beta}{r^3}\,dy, \qquad \frac{\partial H}{\partial \gamma} = \int_{S_2} I_2\frac{z-\gamma}{r^3}\,dz,$$

autrement dit :

$$\frac{\partial F}{\partial \alpha} + \frac{\partial G}{\partial \beta} + \frac{\partial H}{\partial \gamma} = \int_{S_2} I_2\frac{(x-\alpha)\,dx \times (y-\beta)\,dy \times (z-\gamma)\,dz}{r^3}$$

$$= \frac{1}{2}\int_{S_2} I_2\frac{dr}{r^2} = 0 ;$$

par conséquent :

$$\frac{d}{dt}\left(\frac{\partial F}{\partial \alpha} + \frac{\partial G}{\partial \beta} + \frac{\partial H}{\partial \gamma}\right) = 0,$$

ou encore :

$$\frac{\partial X}{\partial \alpha} + \frac{\partial Y}{\partial \beta} + \frac{\partial Z}{\partial \gamma} = 0,$$

ou bien :

$$\frac{\partial u}{\partial \alpha} + \frac{\partial v}{\partial \beta} + \frac{\partial w}{\partial \gamma} = 0 ;$$

nous avons obtenu cette relation en faisant *abstraction de tout champ électrostatique* qui pourrait se superposer. Cette dernière équation, dans la théorie des fluides, est la caractéristique d'un fluide incompressible (¹), autrement dit d'un fluide dont la densité serait invariable.

---

1 Il est facile. d'ailleurs, d'établir cette propriété de la manière très simple suivante. Soit (fig. 41) un volume limité M. pendant le temps dt, le débordement de la masse fluide sera la somme de tous les débordements élémentaires semblables à celui qui a provoqué le déplacement (une translation aux infiniment petits près) de $d\sigma$ à partir de N. Si ρ est la densité du fluide en N ; α, β, γ, les cosinus directeurs de la normale à la surface en N : $u.dt$, $v.dt$, $w.dt$ les composantes du déplacement de $d\sigma$ pendant le temps dt, nous aurons pour masses du volume de ce déplacement :

$$d\sigma . (\alpha.udt + \beta.v.dt + \gamma.w.dt)\, \rho,$$

soit, pour toute la surface S limitant le volume M :

$$dt \int_s (\alpha.u + \beta v + \gamma w).\rho.d\sigma ;$$

appliquons le lemme du théorème de Green déjà démontré (fascicule 1ᵉʳ, page 64), nous aurons :

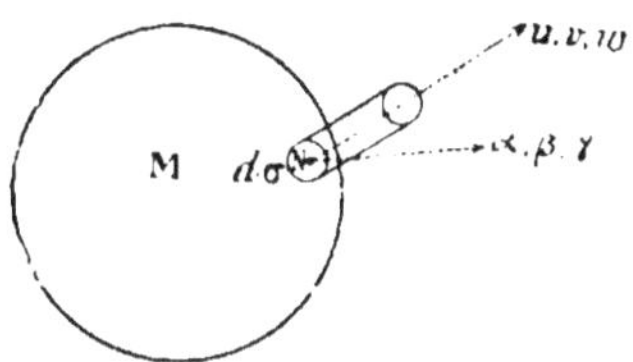

Fig. 41.

$$dt \int_s \rho u.\alpha d\sigma + \rho v.\beta d\sigma + \rho w.\gamma d\sigma = dt \int_M \left(\frac{d(\rho u)}{dx} + \frac{d(\rho v)}{dy} + \frac{d(\rho w)}{dz} \right) dm,$$

en appelant dm le volume élémentaire.

Or. ce débordement est égal à la diminution de la masse limitée à M pendant ce même temps, c'est-à-dire à :

$$- dt \int_M \frac{d\rho}{dt}\, dm,$$

et ainsi :

$$dt \int_M \left(\frac{\partial \rho}{\partial t} + \frac{\partial(\rho u)}{\partial x} + \frac{\partial(\rho v)}{\partial y} + \frac{\partial(\rho w)}{\partial z} \right) dm = 0 ;$$

ceci doit avoir lieu, si petit que soit M ; donc on a en chaque point :

$$\frac{\partial \rho}{\partial t} + \frac{\partial(\rho u)}{\partial x} + \frac{\partial(\rho v)}{\partial y} + \frac{\partial(\rho w)}{\partial z} = 0,$$

c'est *l'équation de continuité d'Euler.*

On peut l'écrire encore :

$$\frac{\partial \rho}{\partial t} + \frac{\partial \rho}{\partial x} u + \frac{\partial \rho}{\partial y} v + \frac{\partial \rho}{\partial z} w + \rho \left(\frac{\partial u}{\partial x} + \frac{\partial v}{\partial y} + \frac{\partial w}{\partial z} \right) = 0,$$

ou bien, en remarquant que $u.dt = dx$, $v.dt = dy$, $w.dt = dz$:

$$\frac{\partial \rho}{\partial t} dt + \frac{\partial \rho}{\partial x} dx + \frac{\partial \rho}{\partial y} dy + \frac{\partial \rho}{\partial z} dz + \rho \left(\frac{\partial u}{\partial x} + \frac{\partial v}{\partial y} + \frac{\partial w}{\partial z} \right) dt = 0,$$

c'est-à-dire :

$$d\rho + \rho \left(\frac{\partial u}{\partial x} + \frac{\partial v}{\partial y} + \frac{\partial w}{\partial z} \right) dt = 0,$$

si le corps est incompressible : $d\rho = 0$, ce qui entraîne la condition :

$$\frac{\partial u}{\partial x} + \frac{\partial v}{\partial y} + \frac{\partial w}{\partial z} = 0.$$

D'une façon générale, on vérifiera facilement que :

$$\frac{\text{accroissement de la masse de volume unité}}{\text{masse du volume unité}} = \left(\frac{\partial u}{\partial x} + \frac{\partial v}{\partial y} + \frac{\partial w}{\partial z} \right) dt.$$

Si on désigne symboliquement par Ddt le vecteur du déplacement du $d\sigma$, l'expression :

$$\frac{\partial u}{\partial x} + \frac{\partial r}{\partial y} + \frac{\partial w}{\partial z}$$

s'appelle *Divergence de* D dans le calcul vectoriel. La relation

$$Div.\ D = 0$$

signifie que le flux du vecteur D est conservatif. Pour les fluides. cette relation exprime que le flux qui entre dans un volume est égal au flux qui en sort ; c'est l'expression analytique de l'incompressibilité du fluide. (Voir " Calcul vectoriel " de Coffin chez Gauthiers Villars).

Les hypothèses de Maxwell. — Le rôle des diélectriques comme dépositaires de l'énergie électrique semble bien avoir été pressenti par Faraday ; ce qui revient en propre à Maxwell, c'est la conception du déplacement électrique.

Pour Maxwell, *il n'existe pas de circuit ouvert* ; si un circuit composé de corps dits conducteurs est interrompu, c'est le diélectrique lui-même qui le ferme. Si le courant ne dure pas dans un diélectrique, c'est que celui-ci exerce au passage du courant une *opposition élastique*, un diélectrique soumis à un courant éprouve une *contrainte*.

D'après ces vues, l'électricité se propage dans les diélectriques et dans les corps dits conducteurs, seulement une distinction est à faire : le diélectrique ne *gaspille pas l'énergie* qu'il reçoit en dépôt, tandis que les corps conducteurs sont les matériaux qui transforment *irréversiblement* l'énergie électrique en énergie calorifique.

Maxwell a indiqué que le phénomène du déplacement électrique est un mouvement d'électricité « dans le même sens que le transport « d'une quantité d'électricité à travers un fil » (loc. cit.).

Il admet que le courant diélectrique, ou *flux de déplacement* électrique, possède les mêmes propriétés actives que le courant ordinaire ou *flux de conduction électrique*. Comme un courant de conduction, le flux de déplacement provoquera la création des champs magnétiques, créera des actions électrodynamiques et possédera les propriétés inductives identiques. Egalement, un courant de conduction (ou un groupe d'aimants) exercera sur un diélectrique, siège d'un courant de déplacement, les actions qu'il exercerait sur un conducteur occupant la position du diélectrique et qui serait parcouru par un courant ordinaire de même intensité, tout en occupant les mêmes dispositions géométriques dans l'espace que le courant de déplacement.

Nous allons appliquer aux courants de déplacement les lois établies pour les courants de conduction, nous devrons d'abord généraliser les deux lois fondamentales de l'électromagnétisme et de l'induction : la loi énoncée par Ampère et celle énoncée par Faraday.

Nouveaux énoncés des lois d'Ampère et de Faraday. — Loi d'Ampère. — *L'unité de masse magnétique se déplaçant le long d'un contour fermé, enveloppant une aire traversée par un flux de courant de déplacement, effectue un travail égal au produit par 4π du flux de courant de déplacement, quel que soit le milieu dans lequel la masse magnétique se déplace.*

LOI DE FARADAY. — *La dérivée par rapport au temps changée de signe du flux d'induction magnétique à travers un élément de surface de diélectrique représente la force électromotrice induite créée le long de tout contour embrassant la surface.*

Nous allons, dans les paragraphes suivants, chercher à exprimer analytiquement ces deux lois.

Etablissement des six équations fondamentales. — Nous allons rappeler d'abord des résultats établis au fascicule 4 (pages 67 et 68). Si, dans un milieu de perméabilité constante μ_1, on adopte un système *particulier* d'unités CGS tel que, *dans ce milieu*, l'unité de masse magnétique agisse sur une autre masse identique placée à l'unité de distance avec une force égale à une dyne, et si, de plus, on répète, pour la définition de chaque espèce d'unités électriques ou magnétiques, le raisonnement fait dans l'établissement du système électromagnétique, on retrouvera tous les résultats et toutes les formules sous des *formes absolument identiques* à celles obtenues avec le système électromagnétique.

On a été ainsi amené à conclure que si, dans *le système particulier* d'unités : H est la valeur numérique du champ en un point X ; I la valeur numérique d'un courant ; si, de plus, dans le système ordinaire d'unités électromagnétiques : H′ est la valeur numérique du même champ au même point X ; I′ la valeur numérique du même courant considéré, on aura les relations :

$$\text{H}' = \frac{\text{H}}{\sqrt{\mu_1}} \text{ et } \text{I}' = \frac{\text{I}}{\sqrt{\mu_1}}.$$

Nous allons aller plus loin et chercher à exprimer l'énergie mutuelle de deux circuits Y et X noyés dans le milieu de perméabilité μ_1, nous supposerons ces circuits parcourus par des courants dont les valeurs numériques sont I_1 et I_2 dans le système *particulier* d'unités, I'_1 et I'_2 dans le système électromagnétique. Dans le système particulier d'unités, on aura (fascicule 5, page 43) :

$$W = I_1 I_2 \int_X \int_Y \frac{dx\,dx' + dy\,dy' + dz\,dz'}{r},$$

formule en laquelle dx, dy, dz sont les composantes de l'élément relatif au contour Y ; dx', dy', dz' les composantes de l'élément relatif au

contour X, r la distance des deux points de coordonnées (x, y, z) et
(x', y', z'). L'expression précédente peut encore s'écrire :

$$W = \mu_1 \, I'_1 I'_2 \int_X \int_Y \frac{dx \, dx' + dy \, dy' + dz \, dz'}{r},$$

ou bien encore en posant :

$$F' = \int_X \mu_1 I'_2 \frac{dx'}{r}, \quad G' = \int_X \mu_1 I'_2 \frac{dy'}{r}, \quad H' = \int_X \mu_1 I'_2 \frac{dz'}{r},$$

nous aurons :

$$W = I'_1 \int_Y (F' dx + G' dy + H' dz) \, ;$$

F', G' H' sont donc les composantes du potentiel vecteur au point
milieu de l'élément *ds* du contour Y, potentiel vecteur résultant de
l'action du circuit X, le phénomène se produisant en la matière de
perméabilité μ_1, *le système choisi étant le système d'unités électromagnétiques*; nous concluerons, en répétant le raisonnement déjà fait
(fascicule 5, pages 44 et 45), que :

$$\frac{dF'}{dt} = -X, \quad \frac{dG'}{dt} = -Y, \quad \frac{dH'}{dt} = -Z$$

représentent les composantes de la force électromotrice d'induction
du contour X pour le déplacement du contour Y.

Ceci rappelé, nous allons faire les suppositions suivantes : le milieu
considéré est de perméabilité *constante* μ, le champ est déterminé par
des courants de conduction répartis dans l'espace. Nous nous limiterons dans la démonstration, le nombre de ces courants sera supposé
être un, laissant au lecteur le soin très facile de lever, *à posteriori*, cette
restriction et de s'assurer que le nombre des courants inducteurs peut
être quelconque.

Soit donc un circuit fixe S_2 parcouru par un courant I'_2 (fig. 42) ;

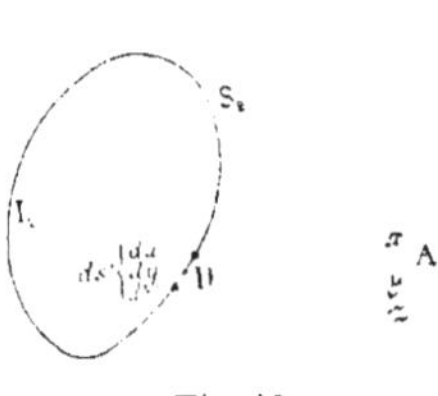

le *premier problème* posé sera de chercher le
vecteur force magnétique $\mathfrak{H}_2$, déterminé par
le courant en un point A de l'espace de coordonnées x, y, z ; nous résoudrons la question
d'abord dans le *système particulier* d'unités *ra-
tionnelles le plus simple pour le milieu de perméabilité* μ, ensuite nous traduirons les résultats
dans le système *ordinaire* électromagnétique.

Fig. 42.

Chaque élément ds' du courant I'_2, élément dont les composantes sont dx', dy', dz', apportera, au vecteur $\mathfrak{K}_2$ en A une part contributive de composantes dL_2, dM_2, dN_2 ; d'après la loi de Laplace, ce vecteur est normal à ds' et à la droite qui joint A au milieu de ds', nous avons ainsi les deux relations :

$$\left\{\begin{array}{l} dL_2.dx' + dM_2.dy' + dN_2.dz' = 0, \\ dL_2.(x - x') + dM_2.(y - y') + dN_2(z - z') = 0, \end{array}\right.$$

relations qu'on peut encore écrire :

$$\frac{dL_2}{(y - y')dz' - (z - z')dy'} = \frac{dM_2}{(z - z')dx' - (x - x')dr'} = \frac{dN_2}{(x - x')dy' - (y - y')dx'} = \lambda,$$

ou encore, grâce à une combinaison évidente :

$$(1) \qquad \frac{\overline{dL_2}^2 + \overline{dM_2}^2 + \overline{dN_2}^2}{\sum\left[(y - y')dz' - (z - z')dy'\right]^2} = \lambda^2 ;$$

et, en vertu des trois identités suivantes :

$$\overline{d\mathfrak{K}_2}^2 = dL_2{}^2 + dM_2{}^2 + dN_2{}^2$$

$$\left\{\begin{array}{l} \sum\left[(y - y')dz' - (z - z')dy'\right]^2 = \left[(x - x')^2 + (y - y')^2 + (z - z')^2\right] \times \\ \qquad\qquad \left[dx'^2 + dy'^2 + dz'^2\right] - \left[(x - x')\,dx' + \ldots\right]^2 \\ \sum\left[(y - y')dz' - (z - z')dy'\right]^2 = r^2.ds'^2 - r^2.ds'^2.\cos^2 V = r^2.ds'^2\sin^2 V \end{array}\right.$$

en appelant r la longueur de la droite qui joint A au milieu de ds', V l'angle de r avec ds' ; en remplaçant dans la formule (1) précédente, on a :

$$\frac{d\mathfrak{K}_2{}^2}{r^2.ds'^2.\sin^2 V} = \lambda^2,$$

ou bien :

$$\frac{d\mathfrak{K}_2}{r.ds'.\sin V} = \pm \lambda ;$$

dans le système *particulier d'unités* que nous adoptons d'abord, nous aurons, d'après la loi de Laplace :

$$d\mathfrak{K}_2 = \frac{I'_2.ds'.\sin V}{r^2}$$

et finalement :

$$\lambda = \pm \frac{I'_2}{r^3} ;$$

il en résulte que :

$$\begin{cases} dL_2 = \varepsilon \dfrac{(y - y')dz' - (z - z')dy'}{r^3} I'_2, \\[2mm] dM_2 = \varepsilon \dfrac{(z - z')dx' - (x - x')dz'}{r^3} I'_2, \quad (\text{avec } \varepsilon = \pm 1) \\[2mm] dN_2 = \varepsilon \dfrac{(x - x')dy' - (y - y')dx'}{r^3} I'_2. \end{cases}$$

Pour déterminer le signe de ε, nous nous placerons dans un cas particulier, nous supposerons ds' à l'origine dirigé suivant Oz avec, par conséquent :

$$x' = y' = z' = 0, \qquad dz' > 0 ;$$

nous mettrons devant I'_2 le signe positif, et nous supposerons que le point A a pour coordonnées :

$$x > 0, \quad y = z = 0 ;$$

dans ces conditions, dL_2 et $dN_2 = 0$; quant à dM_2, la règle du bonhomme d'Ampère nous le montre dirigé dans le sens négatif sur l'axe des y ; comme dans ce cas :

$$dM_2 = \varepsilon \left(\frac{-x.dz'.I'_2}{r^3} \right),$$

on en conclut que ε doit être affecté du signe positif.

Ceci posé, si dL, dM, dN sont les composantes du champ dans le système *électromagnétique ordinaire*, si I_2 est la valeur du courant exprimé dans le même système, nous avons :

$$\frac{dL_2}{dL} = \frac{dM_2}{dM} = \frac{dN_2}{dN} = \frac{I'_2}{I_2} = \sqrt{\mu},$$

et ainsi, en unités électromagnétiques *ordinaires*, nous avons :

$$(2) \quad \begin{cases} dL = \dfrac{(y - y') dz' - (z - z')dy'}{r^3} I_2, \\[2mm] dM = \dfrac{(z - z') dx' - (x - x')dz'}{r^3} I_2, \\[2mm] dN = \dfrac{(x - x')dy' - (y - y')dx'}{r^3} I_2 ; \end{cases}$$

par conséquent :

$$(3) \quad \begin{cases} L = + \displaystyle\int_{S_2} I_2 \dfrac{y - y'}{r^3}. dz' - \int_{S_2} I_2 \dfrac{z - z'}{r^3}. dy', \\[3mm] M = + \displaystyle\int_{S_2} I_2 \dfrac{z - z'}{r^3} dx' - \int_{S_2} I_2 \dfrac{x - x'}{r^3} dz', \\[3mm] N = + \displaystyle\int_{S_2} I_2 \dfrac{x - x'}{r^3} dy' - \int_{S_2} I_2 \dfrac{y - y'}{r^3} dx'. \end{cases}$$

Nous avons vu précédemment que les composantes du potentiel vecteur exprimées (page 81) dans le *système électromagnétique ordinaire* étaient :

$$F = \int_{S_2} \mu I_2 \frac{dx'}{r}, \quad G = \int_{S_2} \mu I_2 \frac{dy'}{r}, \quad H = \int_{S_2} \mu I_2 \frac{dz'}{r},$$

de sorte que :

$$\frac{\partial F}{\partial y} = - \int_{S_2} \mu I_2 \frac{dx'}{r^2} \cdot \frac{\partial r}{\partial y} = - \int_{S_2} \mu I_2 \frac{y - y'}{r^3} \, dx' ;$$

nous calculerons de même :

$$\frac{\partial F}{\partial z}, \quad \frac{\partial G}{\partial x}, \quad \frac{\partial G}{\partial z}, \quad \frac{\partial H}{\partial x} \quad \text{et} \quad \frac{\partial H}{\partial y}$$

nous substituerons, dans (3), et nous aurons, *en unités électromagnétiques ordinaires* :

$$(4) \quad \begin{cases} \mu L = - \dfrac{\partial H}{\partial y} + \dfrac{\partial G}{\partial z}, \\[2mm] \mu M = - \dfrac{\partial F}{\partial z} + \dfrac{\partial H}{\partial x}, \\[2mm] \mu N = - \dfrac{\partial G}{\partial x} + \dfrac{\partial F}{\partial y}, \end{cases}$$

De plus, si en un point A, existe un potentiel *électrostatique* Ψ dû à des masses fixes d'électricité réparties dans l'espace, nous aurons, pour composantes *totale* de la force électrique au point A :

$$(4^{bis}) \quad \begin{cases} X = - \dfrac{\partial F}{\partial t} + \dfrac{\partial \Psi}{\partial x}, \\[2mm] Y = - \dfrac{\partial G}{\partial t} + \dfrac{\partial \Psi}{\partial y}, \\[2mm] Z = - \dfrac{\partial H}{\partial t} + \dfrac{\partial \Psi}{\partial z}. \end{cases}$$

Différentions (4) par rapport à t, puis éliminons F, G, H entre (4) et (4bis), nous obtiendrons ainsi un premier groupe de formules fondamentales :

$$(5) \quad \begin{cases} \mu \dfrac{\partial L}{\partial t} = \dfrac{\partial Z}{\partial y} - \dfrac{\partial Y}{\partial z}, \\[2mm] \mu \dfrac{\partial M}{\partial t} = \dfrac{\partial X}{\partial z} - \dfrac{\partial Z}{\partial x}, \\[2mm] \mu \dfrac{\partial N}{\partial t} = \dfrac{\partial Y}{\partial x} - \dfrac{\partial X}{\partial y}. \end{cases}$$

La relation donne encore :

$$\frac{d}{dt}\left(\frac{\partial L}{\partial x} + \frac{\partial M}{\partial y} + \frac{\partial N}{\partial z}\right) = 0.$$

ou encore :

$$\frac{\partial L}{\partial x} + \frac{\partial M}{\partial y} + \frac{\partial N}{\partial z} = C^{te}$$

cette constante est nulle, lorsqu'aux points considérés, il n'y a pas de masse magnétique *stationnaire* comme nous l'avons vu en sa place.

En électrostatique, on a nécessairement :

$$\frac{\partial L}{\partial t} = \frac{\partial M}{\partial t} = \frac{\partial N}{\partial t} = 0,$$

c'est-à-dire :

$$\frac{\partial Z}{\partial y} = \frac{\partial Y}{\partial z},$$

$$\frac{\partial X}{\partial z} = \frac{\partial Z}{\partial x},$$

$$\frac{\partial Y}{\partial x} = \frac{\partial X}{\partial y},$$

ce sont les équations fondamentales de l'électrostatique.

Toutes ces grandeurs sont exprimées en *unités électromagnétiques* C.G.S.(1). On aurait pu employer une démonstration plus rapide en *utilisant* la méthode de calcul que nous allons suivre pour établir le deuxième groupe de formules fondamentales ; nous conseillons au lecteur de refaire la démonstration par le procédé indiqué ci-dessous.

Formules fondamentales tirées de la loi d'Ampère. — Nous allons utiliser encore le système d'*unités électromagnétiques ordinaires C.G.S.*

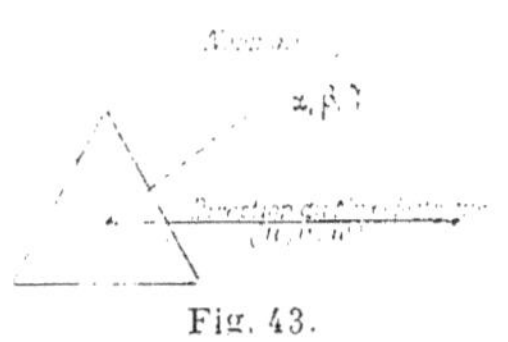

Fig. 43.

Considérons un triangle élémentaire quelconque A′B′C′, le flux $d\varphi$ d'électricité à travers ce triangle de surface $d\sigma$ sera (fig. 43), en appelant α, β, γ les cosinus directeurs de la normale au plan A′B′C′ :

$$d\varphi = (u.\,\alpha + v.\,\beta + w.\,\gamma)\,d\sigma,$$

ou encore, en remarquant que $\alpha.\,d\sigma$ est l'aire de la projection $d\sigma_x$ de $d\sigma$ sur le plan des yz, de sorte que nous écrivons :

$$\alpha\,d\sigma = d\sigma_x, \quad \beta\,d\sigma = d\sigma_y \quad \gamma\,d\sigma = d\sigma_z,$$

(1) On peut, moins élémentairement, démontrer cette propriété et la suivante a l'aide de la formule de Stockes (voir *Electricité et Optique*, de H. POINCARÉ). Pour la démonstration de la formule de Stockes, *Cours d'Analyse*, de M. E. PICARD, 1ᵉʳ volume. — Gauthier-Villars.

et ainsi :

$$d\varphi = u.d\sigma_x + v d\sigma_y + w d\sigma_z,$$

de sorte que :

$$4\pi.d\varphi = 4\pi\,(u d\sigma_x + \ldots\ldots + w d\sigma_z).$$

Ceci dit, prenons (fig. 44), un triangle *élémentaire* A′B′C′ quelconque, dont les côtés s'appuient sur trois plans se coupant en O, plans parallèles aux plans de coordonnées ; soient L, M, N les composantes du champ en O et A, B, C les milieux des droites OA′ OB′, OC′ ; posons :

$$OA = dx,\ \ OB = dy,\ \ OC = dz\ ;$$

si u, v, w sont les composantes du flux électrique en O, ou, à *un infiniment petit près*, en un point quelconque de A′B′C′, nous aurons,

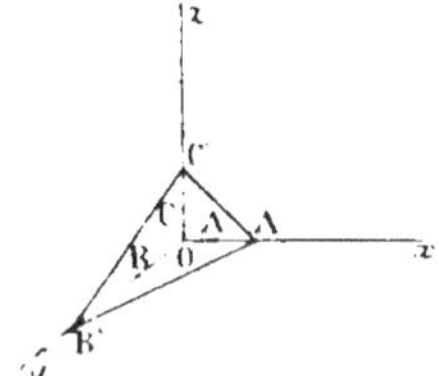

Fig. 44.

d'après ce que nous avons établi précédemment pour le flux élémentaire $d\varphi$ qui traverse le triangle :

$$d\varphi = 2\,(u.dy.dz + v.dx.dz. + w.dx.dy)\ ;$$

or, d'après le théorème d'Ampère, *au signe près* :

$4\pi.d\varphi =$ travail de l'unité de masse magnétique suivant le contour C′B′A′C′.

Pour fixer ce signe, nous devrons observer la régle d'Ampère, nous ne donnerons pas ici le détail de l'application de cette régle ; il nous suffira de constater, ce dont le lecteur s'assurera facilement, que dans le cas de la figure le signe plus correspond au sens de circulation de C′ B′ A′ C′.

Le travail suivant A′C′ s'exprimera en prenant, pour valeur constante des composantes du champ, les valeurs de ces composantes au milieu de B′A′ ; nous aurons en désignant, comme précédemment, par L, M, N les trois composantes magnétiques en O :

$$\text{trav. suivant A′C′} = -2\left(L + \frac{\partial L}{\partial x}dx + \frac{\partial L}{\partial z}dz\right)dx + 2\left(N + \frac{\partial N}{\partial x}dx + \frac{\partial N}{\partial z}dz\right)dz,$$

$$\text{trav. suivant C′B′} = +2\left(M + \frac{\partial M}{\partial y}dy + \frac{\partial M}{\partial z}dz\right)dy - 2\left(N + \frac{\partial N}{\partial y}dy + \frac{\partial N}{\partial z}dz\right)dz,$$

$$\text{trav. suivant B′A′} = +2\left(L + \frac{\partial L}{\partial x}dx + \frac{\partial L}{\partial y}dy\right)dx - 2\left(M + \frac{\partial M}{\partial x}dx + \frac{\partial M}{\partial y}dy\right)dy,$$

de sorte que :

$$4\pi.d\varphi = 2\left(\frac{\partial M}{\partial z} - \frac{\partial N}{\partial y}\right)dy.dz + 2\left(\frac{\partial N}{\partial x} - \frac{\partial L}{\partial z}\right)dx\,dz + 2\left(\frac{\partial L}{\partial y} - \frac{\partial M}{\partial x}\right)dx\,dy\ ;$$

comparant cette relation à celle exprimée à la page précédente, nous déduisons :

$$\left[4\pi u - \left(\frac{\partial M}{\partial z} - \frac{\partial N}{\partial y}\right)\right] dy\, dz + \left[4\pi v - \left(\frac{\partial N}{\partial x} - \frac{\partial L}{\partial z}\right)\right] dx\, dz +$$
$$\left[4\pi w - \left(\frac{\partial L}{\partial y} - \frac{\partial M}{\partial x}\right)\right] dx\, dy = 0,$$

or, cette égalité doit être vérifiée, *quelque système de combinaisons* que nous prenions pour dx, dy, dz ; nous avons finalement démontré :

$$(6) \begin{cases} u = \dfrac{1}{4\pi}\left(\dfrac{\partial M}{\partial z} - \dfrac{\partial N}{\partial y}\right), \\[2mm] v = \dfrac{1}{4\pi}\left(\dfrac{\partial N}{\partial x} - \dfrac{\partial L}{\partial z}\right), \\[2mm] w = \dfrac{1}{4\pi}\left(\dfrac{\partial L}{\partial y} - \dfrac{\partial M}{\partial x}\right); \end{cases}$$

comme, de plus :

$$u = \frac{k}{4\pi}\frac{\partial X}{\partial t}, \qquad v = \frac{k}{4\pi}\frac{\partial Y}{\partial t}, \qquad w = \frac{k}{4\pi}\frac{\partial Z}{\partial t},$$

nous obtenons les relations définitives en *unités électromagnétiques* C.G.S :

$$(7) \begin{cases} k\dfrac{\partial X}{\partial t} = \dfrac{\partial M}{\partial z} - \dfrac{\partial N}{\partial y}, \\[2mm] k\dfrac{\partial Y}{\partial t} = \dfrac{\partial N}{\partial x} - \dfrac{\partial L}{\partial z}, \\[2mm] k\dfrac{\partial Z}{\partial t} = \dfrac{\partial L}{\partial y} - \dfrac{\partial M}{\partial x}. \end{cases}$$

Telles sont les trois équations exprimées de la loi d'Ampère, elles forment le second groupe de formules fondamentales.

On en déduit facilement :

$$k\frac{d}{dt}\left(\frac{\partial X}{\partial x} + \frac{\partial Y}{\partial y} + \frac{\partial Z}{\partial z}\right) = 0,$$

ou encore, pour le point considéré :

$$\frac{\partial X}{\partial x} + \frac{\partial Y}{\partial y} + \frac{\partial Z}{\partial z} = C^{te}d\ ;$$

or, d'après ce que nous avons vu page 83 :

$$\frac{\partial X}{\partial x} = -\frac{d}{dt}\left(\frac{\partial F}{\partial x}\right) + \frac{\partial^2 \Psi}{\partial x^2},$$
$$\frac{\partial Y}{\partial y} = -\frac{d}{dt}\left(\frac{\partial G}{\partial y}\right) + \frac{\partial^2 \Psi}{\partial y^2},$$
$$\frac{\partial Z}{\partial z} = -\frac{d}{dt}\left(\frac{\partial H}{\partial z}\right) + \frac{\partial^2 \Psi}{\partial z^2},$$

Ψ étant le potentiel *électrostatique* du point considéré ; de plus, on a vu, pages 76 et 77, que :

$$\frac{\partial F}{\partial x} + \frac{\partial G}{\partial y} + \frac{\partial H}{\partial z} = 0,$$

et ainsi :

$$\frac{\partial^2 \Psi}{\partial x^2} + \frac{\partial^2 \Psi}{\partial y^2} + \frac{\partial^2 \Psi}{\partial z^2} = C^{te}.d \; ;$$

en électrostatique, nous avons trouvé pour valeur de d l'*expression* $- 4\pi K\rho$. ρ étant la densité électrique constante dans tout le diélectrique. Les formules (5) et (7) ont une analogie frappante avec celles que Helmholtz, dans sa théorie des tourbillons, a données pour définition du tourbillon. Voir *Tourbillons*, de Poincaré.

Pour employer les notations du calcul vectoriel, nous désignerons par $\mathcal{E}$ le vecteur dont les composantes sont X, Y, Z ; par $\mathcal{H}$ le vecteur dont les composantes sont L, M, N ; les groupes de formules (5) et (7) se trouvent alors condensées en deux relations :

$$(V) \qquad\qquad \mu\,\frac{\partial \overline{\mathcal{H}}}{\partial t} \qquad \text{Curl. } \mathcal{E}.$$

$$(VII) \qquad\qquad k\,\frac{\partial \overline{\mathcal{E}}}{\partial t} \qquad - \text{Curl. } \mathcal{H},$$

Remarque sur la réciprocité des deux systèmes de formules. — Hertz a été frappé de la réciprocité des formules (5) et (7) que nous venons d'établir, il a donné une interprétation physique des plus intéressantes sur ce point.

Considérons un vecteur L', M', N' défini à l'aide de L, M, N de façon analogue à celle qui exprime le vecteur de composantes u, v, w, à l'aide de X, Y, Z ; prenons, par exemple :

$$4\pi L' = \mu\,\frac{\partial L}{\partial t}, \qquad 4\pi M' = \mu\,\frac{\partial M}{\partial t}, \qquad 4\pi N' = \mu\,\frac{\partial N}{\partial t} \; ;$$

l'ensemble des équations (5) se transforme ainsi :

$$\left\{ \begin{aligned} L' &= \frac{1}{4\pi}\left(\frac{\partial Z}{\partial y} - \frac{\partial Y}{\partial z}\right), \\ M' &= \frac{1}{4\pi}\left(\frac{\partial X}{\partial z} - \frac{\partial Z}{\partial x}\right), \\ N' &= \frac{1}{4\pi}\left(\frac{\partial Y}{\partial x} - \frac{\partial X}{\partial y}\right) \; ; \end{aligned} \right.$$

ce type d'équation est tout à fait analogue aux équations (6).

On pourra dresser une sorte de dualité entre les composantes d'un *vecteur proportionnel au flux d'induction magnétique* et le flux de courant de déplacement ; on est ainsi conduit à la conception d'un courant magnétique produit par l'action de masses magnétiques en translation, comme propriété corrélative de celle que le courant électrique possède d'être produit par la convection de masses électriques.

Supposons un solénoïde fermé sur lui-même et siège d'un courant I *non constant* ; le flux magnétique sera le même en chaque section du solénoïde à un même moment, il sera l'image d'un courant magnétique fermé sur lui-même ; ceci admis, corrélativement à ce qui passe pour un courant constant qui crée un champ magnétique constant, ce courant magnétique, s'il est constant, (c'est-à-dire si pour le solénoïde $\dfrac{dI}{dt}$ est constant), créera autour de lui un champ électrique constant, autrement dit, un champ électrostatique.

Etude d'un cas particulier. — Plaçons-nous dans le cas particulier suivant: *Par des considérations préliminaires, on a été amené à admettre que la force électrique a, en tout point, une direction parallèle à* OZ *et que la force magnétique se réduit à une composante de direction parallèle à* OY ; *on demande d'examiner ce qu'il est permis de déduire des systèmes d'équations trouvées.*

Les systèmes (7) et (5) se réduisent à :

$$\begin{cases} k\,\dfrac{\partial Z}{\partial t} = -\dfrac{\partial M}{\partial x}, \\[2mm] \mu\,\dfrac{\partial M}{\partial t} = -\dfrac{\partial Z}{\partial x}; \end{cases}$$

ces deux équations se ramènent à :

$$\begin{cases} \dfrac{\partial^2 M}{\partial t^2} = \dfrac{1}{\mu k}\,\dfrac{\partial^2 M}{\partial x^2}, \\[2mm] \dfrac{\partial^2 Z}{\partial t^2} = \dfrac{1}{\mu k}\cdot\dfrac{\partial^2 Z}{\partial x^2}. \end{cases}$$

Le type de ces équations est classique, ce sont celles qu'on rencontre lorsqu'on étudie les ébranlements dans les milieux élastiques et la propagation de ces ébranlements. Les solutions générales de ces équations aux dérivées partielles sont les suivantes, comme nous l'avons déjà vu dans le cours de cette étude :

$$M = \varphi_1\left(x + \frac{1}{\sqrt{\mu k}}\,t\right) + \varphi_2\left(x - \frac{1}{\sqrt{\mu k}}\,t\right),$$
$$Z = \psi_1\left(x + \frac{1}{\sqrt{\mu k}}\,t\right) + \psi_2\left(x - \frac{1}{\sqrt{\mu k}}\,t\right);$$

les φ et ψ étant des fonctions quelconques déterminées par les conditions limites du problème.

Nous retrouvons ainsi des relations de même type que celle déjà trouvée page 57, relativement à la propagation des perturbations le long d'un conducteur.

Nous allons démontrer au paragraphe suivant que si K est le pouvoir inducteur spécifique du milieu, nous avons :

$$\frac{k}{K} = \frac{1}{\theta^2},$$

θ étant le rapport des unités dans les systèmes électrostatique et électromagnétique, ce nombre est égal à 3×10^{10}, d'après les travaux de Weber et Kohlrausch (1856), Maxwell (1868), Ayrton et Perry, Stoleton, Klemencic, J. Thomson, Pellat et Abraham (1892) ; ces divers expérimentateurs ont trouvé des valeurs de θ comprises entre $2{,}98 \times 10^{10}$ et $3{,}01 \times 10^{10}$, le chiffre le plus probable paraissant être voisin de $2{,}99 \times 10^{10}$.

Rappelons maintenant que, les métaux magnétiques exceptés, on a sensiblement $\mu = 1$, de sorte que la vitesse de l'onde est exprimée par :

$$v = \frac{1}{\sqrt{\mu k}} = \frac{\theta}{\sqrt{\mu K}};$$

on aura dans l'air, par exemple, pour lequel $\mu = K = 1$:

$$v = \theta = 3 \times 10^{10}.$$

La vitesse v de propagation est donc celle de la lumière.

Lorsque Maxwell proposa en 1865, sous une forme d'ailleurs bien obscure, ses idées sur l'électricité et le magnétisme, il fut accueilli par les physiciens assez froidement ; c'est qu'alors on ne concevait la transmission des phénomènes électriques que par l'aide seule des conducteurs. La conception de la transmission énergétique des effets électriques par le vide (ou l'éther) devait amener nécessairement les physiciens à attribuer à une même cause la production des phénomènes ondulatoires électriques ou lumineux, c'est ainsi que fut introduite naturellement la vitesse de la lumière parmi les constantes caractéristiques des théories électriques.

Si, dans ce cas particulier où $\mu = K = 1$, on obtient, en appliquant la formule :

$$v = \frac{\theta}{\sqrt{\mu K}},$$

la vitesse de la lumière précisément dans le milieu que l'on considère, on est incité à généraliser et à dire que la vitesse de la lumière, dans un milieu déterminé électriquement et magnétiquement par K_1 et par μ_1, est fourni par la formule :

$$V_1 = \frac{\theta}{\sqrt{\mu_1 K_1}} ;$$

or, l'indice de réfraction $\dfrac{V_1}{V_2}$ du milieu 2 par rapport au milieu 1 s'exprime donc par la formule :

$$n = \frac{V_1}{V_2} = \sqrt{\frac{\mu_2}{\mu_1} \cdot \frac{K_2}{K_1}},$$

en particulier, si nous supposons $\mu_1 = \mu_2 = 1 = K_1$.

$$n^2 = K_2.$$

Pour des raisons qu'on peut expliquer, mais qu'il serait trop long de fournir ici, cette relation ne se vérifie pas exactement, *sauf pour les gaz*, pour les liquides, cette loi de Maxwell paraît s'appliquer aux très basses températures.

Voici un tableau tiré des expériences de Boltzmann :

	$\sqrt{K}$	n
Air	1,000295	1,000294
Gaz acide carbonique	1,000473	1,000449
Hydrogène	1,000132	1,000138
Oxyde de carbone	1,000345	1,000340
Oxyde azoteux	1,000492	1,000503
Ethylène	1,000656	1,000678
Méthane	1,000472	1,000443

Les équations générales avec les notations de Hertz. — Hertz a proposé une notation plus commode pour les équations générales (5) et (7), l'idée consiste à exprimer les grandeurs magnétiques en *unités* *électromagnétiques* C.G.S. et les grandeurs électriques (k compris) en *unités électrostatiques* C.G.S.

Si θ est le rapport des unités, il suffit de remplacer (1) par $\theta X, \theta Y, \theta Z$ respectivement X, Y, Z, car l'unité de force électrique est, en unités électrostatiques C.G.S., θ fois plus grand que l'unité de la même grandeur en *unités électromagnétiques* C.G.S.

Quant à k, nous allons démontrer que nous devons le remplacer par $\dfrac{K}{\theta}$, K étant le pouvoir inducteur spécifique du milieu en unités électrostatiques C.G.S. En effet, nous avons vu (fasc. 1, page 96) que l'énergie accumulée dans un élément de volume dv de diélectrique était représentée en unités électrostatiques par :

$$\Delta W = \frac{K}{8\pi}\,(X_s{}^2 + Y_s{}^2 + Z_s{}^2)\,dv\;;$$

la même énergie avec les *unités électromagnétiques* serait exprimée par :

$$\Delta W = \frac{k}{8\pi}\,(X_m{}^2 + Y_m{}^2 + Z_m{}^2)\,dv\;;$$

par conséquent :

$$\frac{k}{K} = \frac{X_s{}^2 + Y_s{}^2 + Z_s{}^2}{X_m{}^2 + Y_m{}^2 + Z_m{}^2}\,;$$

or X_s, Y_s, Z_s et X_m, Y_m, Z_m sont les composantes d'une même force exprimée dans les deux systèmes fondamentaux d'*unités* ; nous venons de dire que :

$$X_m = \theta X_s, \qquad Y_m = \theta Y_s, \qquad Z_m = \theta Z_s,$$

ce qui entraine la condition :

$$\frac{k}{K} = \frac{X_s{}^2 + Y_s{}^2 + Z_s{}^2}{\theta^2\,(X_s{}^2 + Y_s{}^2 + Z_s{}^2)} = \frac{1}{\theta^2}$$

---

(1) Pour démontrer ce fait, remarquons que si l'on exprime : 1° les mesures d'une même capacité par C_m (en U.E.M.) et par C_s (en U.E.S.) ; 2° les mesures d'une même tension par V_m (en U.E.M.) et par V_s (en U.E.S.) ; 3° les mesures d'une même quantité d'électricité par Q_m (en U.E.M.) et par Q_s (en U.E.S.), etc., etc., on aura, chaque égalité exprimant la dépense d'énergie ou les mises en œuvre de puissance dans un même phénomène :

$$C_m\,V_m{}^2 = C_s\,V_s{}^2,$$
$$Q_m\,V_m = Q_s\,V_s,$$
$$I_m\,V_m = I_s\,V_s,$$
$$R_m\,I_m{}^2 = R_s\,I_s{}^2;$$

$$\dots\dots\dots\dots\dots\dots$$

par conséquent :

$$\sqrt{\frac{C_s}{C_m}} = \frac{V_m}{V_s} = \frac{Q_s}{Q_m} = \frac{I_s}{I_m} \qquad \sqrt{\frac{R_s}{R_m}} = \sqrt{\frac{L_s}{L_m}} = \frac{\frac{dV}{dx}}{\frac{dV_m}{dx}} = \frac{X_s}{X_m} = \frac{Y_s}{Y_m} = \frac{Z_s}{Z_m};$$

or, le nombre qui mesure une même grandeur varie inversement à l'étendue de l'unité de comparaison ; donc, si θ est le rapport de grandeur des unités de potentiel dans les systèmes électrostatique et électromagnétique, on a la suite de rapports :

$$\sqrt{\frac{C_s}{C_m}} = \frac{V_m}{V_s} = \frac{Q_s}{Q_m} = \frac{I_s}{I_m} = \sqrt{\frac{R_s}{R_m}} = \sqrt{\frac{L_s}{L_m}} = \frac{X_s}{X_m} = \frac{Y_s}{Y_m} = \frac{Z_s}{Z_m} = \frac{1}{\theta} \qquad\text{C. Q. F. D.}$$

Les équations fondamentales (5) et (7) sous la forme fournie par Hertz, sont ainsi exprimées par les deux tableaux suivants :

$$(\mathrm{I}) \begin{cases} \dfrac{1}{\theta}\,\mu\,\dfrac{\partial \mathrm{L}}{\partial t} = \dfrac{\partial \mathrm{Z}}{\partial y} - \dfrac{\partial \mathrm{Y}}{\partial z}, \\[2mm] \dfrac{1}{\theta}\,\mu\,\dfrac{\partial \mathrm{M}}{\partial t} = \dfrac{\partial \mathrm{X}}{\partial z} - \dfrac{\partial \mathrm{Z}}{\partial x}, \\[2mm] \dfrac{1}{\theta}\,\mu\,\dfrac{\partial \mathrm{N}}{\partial t} = \dfrac{\partial \mathrm{Y}}{\partial x} - \dfrac{\partial \mathrm{X}}{\partial y}; \end{cases} \qquad (\mathrm{II}) \begin{cases} \dfrac{1}{\theta}\,\mathrm{K}\,\dfrac{\partial \mathrm{X}}{\partial t} = \dfrac{\partial \mathrm{M}}{\partial z} - \dfrac{\partial \mathrm{N}}{\partial y}, \\[2mm] \dfrac{1}{\theta}\,\mathrm{K}\,\dfrac{\partial \mathrm{Y}}{\partial t} = \dfrac{\partial \mathrm{N}}{\partial x} - \dfrac{\partial \mathrm{L}}{\partial z}, \\[2mm] \dfrac{1}{\theta}\,\mathrm{K}\,\dfrac{\partial \mathrm{Z}}{\partial t} = \dfrac{\partial \mathrm{L}}{\partial y} - \dfrac{\partial \mathrm{M}}{\partial x}. \end{cases}$$

Si l'on suppose que le champ magnétique soit constamment le même en un même point quelconque, alors :

$$\frac{\partial \mathrm{L}}{\partial t} = \frac{\partial \mathrm{M}}{\partial t} = \frac{\partial \mathrm{N}}{\partial t} = 0,$$

et ainsi :

$$\frac{\partial \mathrm{Z}}{\partial y} - \frac{\partial \mathrm{Y}}{\partial z} = 0, \qquad \frac{\partial \mathrm{X}}{\partial z} - \frac{\partial \mathrm{Z}}{\partial x} = 0, \qquad \frac{\partial \mathrm{Y}}{\partial x} - \frac{\partial \mathrm{X}}{\partial y} = 0 ;$$

c'est la caractéristique de l'existence d'une fonction V (x, y, z), telle que :

$$\mathrm{X} = -\frac{\partial \mathrm{V}}{\partial x}, \qquad \mathrm{Y} = -\frac{\partial \mathrm{V}}{\partial y}, \qquad \mathrm{Z} = -\frac{\partial \mathrm{V}}{\partial z}.$$

Théorème de Poynting. — Vecteur radiant. — Considérons ce que nous avons appelé un circuit excitateur ; c'est un circuit composé d'une capacité C, d'une self-induction $\mathcal{C}$, d'un éclateur d'étincelle ; complétons cette description en ajoutant que la charge de la capacité est entretenue automatiquement, par une bobine d'induction, par exemple.

L'étincelle ne se produira qu'au moment où la différence de potentiel entre les deux boules de l'excitateur aura atteint une certaine valeur. Jusqu'à ce moment, les armatures du condensateur agiront électrostatiquement dans le diélectrique environnant, de telle sorte qu'en un point P du diélectrique, il y a une énergie électrostatique emmagasinée, toutefois, jusqu'à cet instant, aucune énergie électromagnétique n'est emmagasinée en P, puisqu'en ce point : $\mathrm{L} = \mathrm{M} = \mathrm{N} = 0$, le courant susceptible, en effet, de faire naître la force électromagnétique n'existe pas encore. Lorsque l'étincelle éclate, les charges des faces du condensateur diminuent, donc l'énergie électrostatique localisée en P diminue, tandis que l'énergie électromagnétique localisée au même point augmente à partir de zéro ; bientôt les variations se font dans l'ordre inverse, de sorte que nous pouvons dire qu'en P les énergies localisées subissent des variations périodiques, comme la décharge oscillante.

Poynting (1884) a calculé la variation de l'énergie totale emmagasinée en P, c'est-à-dire la variation de la somme des énergies électrostatiques et électromagnétiques localisées en une région du diélectrique (1). Pour établir son théorème, Poynting remarque d'abord qu'en appelant W_e l'énergie électrostatique et W_m l'énergie électromagnétique localisées en P dans le volume unité au temps t, on a :

$$W_e = \frac{K}{8\pi}(X^2 + Y^2 + Z^2) \quad \text{(fasc. 1}^{er}\text{, page 96)} ;$$

$$W_m = \frac{\mu}{8\pi}(L^2 + M^2 + N^2) \text{(fasc. IV, page 37)} ;$$

de sorte que l'énergie totale W_r est :

$$W_r = \frac{K}{8\pi}(X^2 + Y^2 + Z^2) + \frac{\mu}{8\pi}(L^2 + M^2 + N^2),$$

ce qui permet de déduire :

$$\frac{\partial W_r}{\partial t} = \frac{K}{4\pi}\left(X\frac{\partial X}{\partial t} + Y.\frac{\partial Y}{\partial t} + Z.\frac{\partial Z}{\partial t}\right) + \frac{\mu}{4\pi}\left(L.\frac{\partial L}{\partial t} + M\frac{\partial M}{\partial t} + N\frac{\partial N}{\partial t}\right) ;$$

ceci fait, faisons subir les transformations suivantes aux deux membres des équations fondamentales (I), multiplions la première par Ldv, la deuxième par Mdv, la troisième par Ndv ; opérons ensuite sur les deux membres des équations (II), multiplions la première par Xdv, la deuxième par Ydv et la troisième par Zdv, puis sommons membre à membre en tenant compte de l'égalité précédente ; nous aurons, en groupant convenablement les termes obtenus au second membre :

$$\frac{4\pi}{\theta}.\frac{\partial W_r}{\partial t}\,dv = \left(L\frac{\partial Z}{\partial y} + Z\frac{\partial L}{\partial y} - N\frac{\partial X}{\partial y} - X\frac{\partial N}{\partial y}\right)dv$$
$$+ \left(M\frac{\partial X}{\partial z} + X\frac{\partial M}{\partial z} - L\frac{\partial Y}{\partial z} - Y\frac{\partial L}{\partial z}\right)dv$$
$$+ \left(N\frac{\partial Y}{\partial x} + Y\frac{\partial N}{\partial x} - M\frac{\partial Z}{\partial x} - Z\frac{\partial M}{\partial r}\right)dv ;$$

---

(1) On lira avec intérêt les applications du calcul vectoriel à l'électricité au chapitre VI de l'ouvrage publié chez Gauthiers-Villars, ayant pour titre *Calcul vectoriel*, par Coffin, professeur à New-York.

or, nous avons manifestement :

$$L\frac{\partial Z}{\partial y} + Z\frac{\partial L}{\partial y} - N\frac{\partial X}{\partial y} - X\frac{\partial N}{\partial y} = \frac{\partial}{\partial y}(LZ - NX),$$

$$M\frac{\partial X}{\partial z} + X\frac{\partial M}{\partial z} - L\frac{\partial Y}{\partial z} - Y\frac{\partial L}{\partial z} = \frac{\partial}{\partial z}(MX - LY),$$

$$N\frac{\partial Y}{\partial x} + Y\frac{\partial N}{\partial x} - M\frac{\partial Z}{\partial x} - Z\frac{\partial M}{\partial x} = \frac{\partial}{\partial x}(NY - MZ) ;$$

de sorte que nous avons en un point P :

$$\frac{4\pi}{\theta}\frac{\partial W_r}{\partial t}\,dv = \frac{\partial}{\partial x}(NY - MZ).\,dx.dy.dz + \frac{\partial}{\partial y}(LZ - NX)\,dx\,dy\,dz$$

$$+ \frac{\partial}{\partial z}(MX - LY)\,dx.dy.dz ;$$

intégrons alors dans toute la région considérée, nous aurons, en nous rappelant que le lemme établi en vue de la démonstration du théorème de Green (4), fascicule 1, page 64, s'exprime par l'égalité :

$$\iiint\frac{\partial A}{\partial x}\,dx\,dy\,dz = \iint A\,dy.dz ;$$

la première intégrale étant prise en toute l'étendue du volume de la région, la seconde intégrale s'étendant seulement à la surface qui limite ce volume, on obtiendra, disions-nous :

$$\frac{\partial}{\partial t}\iiint W_r.\,dv$$

$$= \frac{\theta}{4\pi}\iint(NY - MZ)\,dy\,dz + \frac{\theta}{4\pi}\iint(LZ - NX)\,dx.dz + \frac{\theta}{4\pi}\iint(MZ - LY)\,dx\,dy ;$$

considérons un point B de cette surface limitant la région, soit $d\sigma$ un élément de surface découpé autour de B, soit, de plus, α, β, γ les cosinus directeurs de la normale en B à la surface, nous aurons :

$$dy.dz = \alpha.d\sigma,\ dx.dz = \beta.d\sigma,\ dx.dy = \gamma.d\sigma,$$

de sorte qu'en posant de plus :

$$A = N.Y - M.Z,\ B = L.Z - N.X,\ C = MX - LY,$$

nous aurons :

$$\frac{\partial}{\partial t}\iiint W_r.dv = \frac{\theta}{4\pi}\iint(A\alpha + B\beta + C\gamma)\,d\sigma ;$$

or, A, B, C sont les composantes d'un certain vecteur R, qu'on a *dénommé vecteur radiant*. L'égalité précédente se traduit alors immédiatement : *Le flux, à travers la surface limitant la région, déterminé par le vecteur radiant, est égal à la dérivée par rapport au temps de l'énergie totale emmagasinée dans la région multipliée par $\dfrac{4\pi}{\theta}$.*

Il est facile de voir que le *vecteur radiant* R est normal à la fois à la force électrique et à la force magnétique ; en effet, nous avons identiquement :

$$A.X + B.Y + C.Z = 0,$$
$$AL + B.M + C.N = 0 ;$$

pour s'en convaincre, il suffit de substituer A, B et C par leurs valeurs de définition et de réduire les termes semblables.

Nous avons encore :

$$R^2 = A^2 + B^2 + C^2 = \Sigma (NY - MZ)^2,$$

et, en vertu des identités de Lagrange :

$$R^2 = (L^2 + M^2 + N^2)(X^2 + Y^2 + Z^2) - (LX + MY + NZ)^2 ;$$

en appelant φ l'angle, compris entre 0 et π, formé par la force électrique et la force magnétique, nous aurons :

$$\cos^2\varphi = \frac{(LX + MY + NZ)^2}{(L^2 + M^2 + N^2)(X^2 + Y^2 + Z^2)},$$

de sorte qu'en désignant par F_e et F_m *les valeurs absolues* des forces électrique et magnétique, nous aurons :

$$R^2 = F_e^2 F_m^2 - F_e^2 F_m^2 \cos^2\varphi = (F_e . F_m . \sin\varphi)^2 ;$$

par conséquent :

$$\text{Val abs. de } R = F_e . F_m . \sin\varphi.$$

Si maintenant Ψ est l'angle du vecteur radiant et de la normale à la surface, nous avons :

$$A\alpha + B\beta + C\gamma = R. \cos\Psi,$$

et finalement :

$$\frac{2}{\theta} \iiint W\,d\omega = \frac{\theta}{4\pi} \iint R \cos\Psi.\,d\sigma.$$

Pour préciser davantage, et afin de nous permettre de définir le sens du vecteur radiant, nous allons nous placer dans un cas particulier que la théorie sur le doublet de Hertz nous montrera, par la suite, parfaitement réalisable. Supposons que la surface sur laquelle nous prenons l'intégrale soit une sphère de centre 0 et rayon r ; admettons que, pendant un intervalle considéré de temps dt, nous ayons, en tous les points de la sphère, $F_e = F_m = \Phi$, F_e étant exprimé en unités électrostatique et F_m en unités électromagnétiques. La force magnétique en P sera supposée constamment tangente au petit cercle passant par P, petit cercle dont le plan est perpendiculaire sur OZ, le sens de rotation de cette force autour de la partie positive de OZ étant celle des aiguilles d'une montre ; la force électrique en P sera supposée tangente au méridien vertical passant par P et dirigée de façon à ce que sa composante verticale soit toujours positive.

Le scalar du vecteur radiant, c'est-à-dire la valeur absolue de R est constante, puisque sa valeur est F_e. F_m ou Φ^2 ; la direction de R est déterminée puisqu'elle est normale au plan des forces magnétiques et électriques, cette direction est donc radiale. Si nous remarquons, de plus, qu'en chaque point P, les trois vecteurs, F_e, F_m et le rayon ont une disposition relative absolument identique, nous pouvons admettre, en toute certitude, que R est, ou bien en tous les points dirigé vers O, ou, en tous les points, dirigé en sens contraire ; de sorte que, pour élucider la question, il va suffire d'étudier ce qui se passe en un point particulier convenablement choisi de cette surface ($x = r$, $y = 0$, $z = 0$).

En ce point, nous avons :

$$X = Y = L = N = \beta = \gamma = 0 \; ; \; Z = F_e, \; M = F_m, \; \alpha = 1 \; ;$$

il en résulte que :

$$A = - MZ = - \Phi^2, \; B = 0, \; C = 0 \; ;$$

autrement dit, R qui, pour ce point, se réduit à sa composante A, est dirigé de *la surface vers le centre ;* il en sera donc de même, dans notre hypothèse, pour tous les points de la sphère. Dans ces conditions, $\cos \Psi = - 1$ pour tous les points de la surface sphérique et nous avons :

$$\frac{\theta}{4\pi} \iint R.\cos\Psi.d\sigma = - \frac{\theta}{4\pi} . F_e.F_m.4\pi r^2 = - \theta.F_e.F_m.r^2.$$

Nous voyons que la dérivée, par rapport au temps, de l'énergie emmagasinée dans la sphère est positive, lorsque le vecteur radiant est dirigé, en tous les points de la sphère, dans la direction du centre vers *l'extérieur*.

La relation de Poynting peut s'écrire :

$$\Delta \iiint W_T \, d\upsilon - \frac{\theta \times dt}{4\pi} \iint (A\alpha + B\beta + C\gamma) \, d\sigma = 0 \; ;$$

on voit ainsi que tout se passe comme si, pendant le temps dt, une quantité d'énergie égale à la variation :

$$-\frac{0.\,dt}{4\pi}\int\int(A\alpha + B\beta + C\gamma)\,d\sigma$$

s'échappait de l'intérieur du volume. Sous une autre forme, tout se passe comme si, pendant le temps dt, le volume considéré *rayonnait extérieurement* une énergie :

$$-\frac{0.\,dt}{4\pi}\int\int(A\alpha + B\beta + C\gamma)\,d\sigma,$$

ce qui justifie, *à posteriori*, le nom de valeur radiant donné au vecteur de composantes A, B et C dont nous venons de faire l'étude.

Tout ce qui précède va justifier les conséquences ci-dessus énoncées :

1° Le vecteur radiant est normal au plan des vecteurs force électrique et force magnétique et égal, en valeur absolue, au produit de ces deux forces par le sinus du plus petit angle qu'elles forment ;

2° L'accroissement de la somme des énergies électrique et magnétique est, à chaque instant, *compensé*, au facteur $\frac{0}{4\pi}$ près, par le flux du vecteur radiant. L'*énergie totale* se propage normalement au plan des deux forces magnétique et électrique et dans le sens inverse d'un tire-bouchon, dont on ferait tourner la tête de façon à aller de la force électrique à la force magnétique par la plus courte rotation de gauche à droite en passant par devant.

Telle est la forme adoptée par Poynting [1] :

Vérification expérimentale. — En employant un tube de Branly dont nous décrirons les propriétés ci-après, M. Gutton a vérifié les conséquences de la théorie. Pour des raisons que nous comprendrons dans la suite, la direction de la force électrique est celle pour laquelle l'action sur le tube est la plus grande possible ; il est, pratiquement,

---

[1] Poynting a donné un énoncé plus général que celui qui précède, nous le reproduisons ici : lorsqu'un milieu est au repos, l'accroissement à l'intérieur d'un volume fermé, et par seconde, de la somme des énergies électrique et magnétique, de la chaleur développée par les courants, du travail effectué par les forces électromagnétiques s'exprime par le flux d'un certain vecteur, appelé vecteur radiant, à travers la surface. En chaque point de la surface, le vecteur radiant est normal aux forces magnétique et électrique et sa valeur est égale au produit de ces deux forces par le sinus de leur angle. L'accroissement des énergies et travaux mentionnés en cet énoncé est, à tout instant, compensé par le flux du vecteur radiant. Pour tout élément $d\sigma$ de la surface, le flux sera positif ou négatif suivant que le vecteur radiant sera dirigé, ou non, vers l'intérieur de la surface S.

malaisé de déterminer cette direction, mais le plan perpendiculaire à cette direction est plus facile à déterminer, car, à toutes les orientations, de ce plan correspond une action nulle. En explorant avec un tube de Branly le champ d'un résonateur, appareil que nous allons prochainement décrire, M. Gutton a trouvé que l'énergie convergeait vers la coupure où, en effet, elle se dégrade sous forme de chaleur dans l'étincelle qui s'y produit.

Equations de propagation. — Similitude avec les équations de propagation des ondes lumineuses dans l'éther. — Partons de la première relation du groupe II :

$$\frac{1}{\theta}\, K \frac{\partial X}{\partial t} = \frac{\partial M}{\partial z} - \frac{\partial N}{\partial y}\,;$$

différentions par rapport à t, nous aurons :

$$\frac{1}{\theta}\, K \frac{\partial^2 X}{\partial t^2} = \frac{\partial^2 M}{\partial t.\,\partial z} - \frac{\partial^2 N}{\partial t\,\partial y} = \frac{\partial}{\partial z}\left(\frac{\partial M}{\partial t}\right) - \frac{\partial}{\partial y}\left(\frac{\partial N}{\partial t}\right)\,;$$

le groupe (I) va nous permettre d'éliminer M et N ; nous avons :

$$\frac{1}{\theta}\, K \frac{\partial^2 X}{\partial t^2} = \frac{\theta}{\mu}\frac{\partial^2 X}{\partial z^2} - \frac{\theta}{\mu}\frac{\partial^2 Z}{\partial x.\,\partial z} - \frac{\theta}{\mu}\frac{\partial^2 Y}{\partial x.\,\partial y} + \frac{\theta}{\mu}\frac{\partial^2 X}{\partial y^2}\,,$$

c'est-à-dire :

$$\frac{\partial^2 X}{\partial t^2} = \frac{\theta^2}{K\mu}\left[\frac{\partial^2 X}{\partial x^2} + \frac{\partial^2 X}{\partial y^2} + \frac{\partial^2 X}{\partial z^2} - \frac{\partial}{\partial x}\left(\frac{\partial X}{\partial x} + \frac{\partial Y}{\partial y} + \frac{\partial Z}{\partial z}\right)\right]\,,$$

or, nous avons vu que :

$$\frac{\partial X}{\partial x} + \frac{\partial Y}{\partial y} + \frac{\partial Z}{\partial z} = C^{te}\,;$$

donc la relation précédente se réduit à :

$$\frac{\partial^2 X}{\partial t^2} = \frac{\theta^2}{K\mu}\left[\frac{\partial^2 X}{\partial x^2} + \frac{\partial^2 X}{\partial y^2} + \frac{\partial^2 X}{\partial z^2}\right]$$

L'expression du second membre entre parenthèses n'est autre que la Laplacienne que nous avons convenu, suivant l'usage de désigner symboliquement par ΔX ; en agissant sur chacune des six équations des groupes (I) et (II), on aurait trouvé six relations que nous reproduisons ci-dessous :

$$(\text{III})\ \left\{\begin{array}{l}\dfrac{\partial^2 L}{\partial t^2} = \dfrac{\theta^2}{K\mu}\cdot \Delta L,\\[2ex]\dfrac{\partial^2 M}{\partial t^2} = \dfrac{\theta^2}{K\mu}\cdot \Delta M,\\[2ex]\dfrac{\partial^2 N}{\partial t^2} = \dfrac{\theta^2}{K\mu}\cdot \Delta N,\end{array}\right. \qquad (\text{IV})\ \left\{\begin{array}{l}\dfrac{\partial^2 X}{\partial t^2} = \dfrac{\theta^2}{K\mu}\cdot \Delta X,\\[2ex]\dfrac{\partial^2 Y}{\partial t^2} = \dfrac{\theta^2}{K\mu}\cdot \Delta Y,\\[2ex]\dfrac{\partial^2 Z}{\partial t^2} = \dfrac{\theta^2}{K\mu}\cdot \Delta Z.\end{array}\right.$$

Nous retrouvons des formes connues, car ces équations sont celles de la *propagation des ondes lumineuses dans l'éther*. Leur intégration est facile à effectuer ([1]).

Avec les notations du Calcul vectoriel (voir page 88), les groupes (III) et (IV) se condenseraient en deux seules formes suivantes :

$$(\text{III})' \qquad \frac{\partial^2 \mathcal{H}}{\partial t} = \frac{\theta^2}{K\mu}\, \mathbf{D}^2\mathcal{E},$$

$$(\text{IV})' \qquad \frac{\partial^2 \mathcal{E}}{\partial t} = \frac{\theta^2}{K\mu}\, \mathbf{D}^2\mathcal{H}.$$

Le symbole $\mathbf{D}^2\mathcal{E}$ s'énonce : Divergence de gradient de $\mathcal{E}$.

La vitesse de propagation est donnée par la formule :

$$c^2 = \frac{\theta^2}{K\mu},$$

---

(1) L'équation aux dérivées partielles :

$$(\alpha) \qquad \frac{\partial^2 U}{\partial t^2} = V^2 \Delta U$$

se ramène à l'intégration de l'équation :

$$(\beta) \qquad \frac{\partial^2 U}{\partial t^2} = V^2 \left(\frac{\partial^2 U}{\partial r^2} + 2\,\frac{\partial U}{\partial r} \cdot \frac{1}{r} \right)$$

équation en laquelle $r^2 = x^2 + y^2 + z^2$.

En effet, on a trouvé facilement que :

$$\begin{cases} \dfrac{\partial^2 U}{\partial x^2} = \dfrac{\partial^2 U}{\partial r^2}\dfrac{x^2}{r^2} + \dfrac{\partial U}{\partial r} \cdot \dfrac{1}{r} - \dfrac{\partial U}{\partial r} \cdot \dfrac{x^2}{r^3}, \\[2mm] \dfrac{\partial^2 U}{\partial y^2} = \dfrac{\partial^2 U}{\partial r^2}\dfrac{y^2}{r^2} + \dfrac{\partial U}{\partial r} \cdot \dfrac{1}{r} - \dfrac{\partial U}{\partial r} \cdot \dfrac{y^2}{r^3}, \\[2mm] \dfrac{\partial^2 U}{\partial z^2} = \dfrac{\partial^2 U}{\partial r^2}\dfrac{z^2}{r^2} + \dfrac{\partial U}{\partial r} \cdot \dfrac{1}{r} - \dfrac{\partial U}{\partial r} \cdot \dfrac{z^2}{r^3}; \end{cases}$$

ou, en additionnant :

$$\Delta U = \frac{\partial^2 U}{\partial r^2} + 2\,\frac{\partial U}{\partial r} \cdot \frac{1}{r}.$$

Pour résoudre l'équation :

$$(\gamma) \qquad \frac{\partial^2 U}{\partial t^2} = V^2 \left(\frac{\partial^2 U}{\partial r^2} + 2\,\frac{\partial U}{\partial r} \cdot \frac{1}{r} \right),$$

posons :

$$U = \frac{v}{r},$$

nous obtiendrons :

$$\frac{\partial U}{\partial r} = \frac{1}{r} \cdot \frac{\partial v}{\partial r} - \frac{v}{r^2} ; \quad \frac{\partial^2 U}{\partial r^2} = \frac{1}{r}\frac{\partial^2 v}{\partial r^2} - \frac{2}{r^2}\frac{\partial v}{\partial r} + 2\frac{v}{r^3},$$

$$\frac{\partial^2 U}{\partial t^2} = \frac{1}{r}\frac{\partial^2 v}{\partial t^2} ;$$

en substituant, nous obtenons comme équation équivalente à (γ) :

$$\frac{\partial^2 v}{\partial t^2} = V^2 \frac{\partial^2 v}{\partial r^2},$$

la solution générale cherchée est :

$$U = \frac{1}{r} \left[\mathcal{F}_1\,(r + Vt) + \mathcal{F}_2\,(r - Vt) \right].$$

et ainsi, lorsque, comme cela a lieu pour l'air,

$$K = \mu = 1, \qquad \text{on a} \qquad \nu = 0.$$

Nous pouvons, d'ailleurs, nous assurer que la vitesse de propagation est bien $\dfrac{\theta}{\sqrt{K\mu}}$ en traitant un cas tout à fait particulier. Supposons que les composantes de la force électrique soient indépendantes de y et de z et soient de la forme :

$$X = \left(t - \frac{x}{\nu}\right), \quad Y = \left(t - \frac{x}{\nu}\right), \quad Z = \left(t - \frac{x}{\nu}\right) ;$$

nous sommes en présence d'une onde électrique plane parallèle au plan des yz, cette onde se propageant avec la vitesse ν ; nous aurons en posant :

$$t - \frac{x}{\nu} = \xi,$$

$$\frac{\partial^2 X}{\partial t^2} = \frac{\partial^2 X}{\partial \xi^2}, \qquad\qquad \Delta X = \frac{\partial^2 X}{\partial \xi^2}\frac{1}{\nu^2},$$

de sorte que nous avons, en reportant dans la première de (IV) :

$$\frac{\partial^2 X}{\partial \xi^2} = \frac{\theta^2}{K.\mu.\nu^2} \cdot \frac{\partial^2 X}{\partial \xi^2},$$

et, par conséquent :

$$\frac{\theta^2}{K\mu} = \nu^2.$$

Equations relatives aux corps conducteurs. — Entre la force électrique X, Y, Z et les composantes du courant u, v, w, la loi d'Ohm fournit les relations simples :

$$u = cX, \qquad v = cY, \qquad w = cZ ;$$

d'autre part :

$$u = \frac{1}{4\pi} \cdot \frac{K}{\theta^2}\frac{\partial X}{\partial t}, \qquad v = \frac{1}{4\pi} \cdot \frac{K}{\theta^2}\frac{\partial Y}{\partial t}, \qquad w = \frac{1}{4\pi} \cdot \frac{K}{\theta^2}\frac{\partial Z}{\partial t},$$

d'où nous tirons :

$$\frac{\partial u}{\partial t} = \frac{1}{4\pi} \cdot \frac{K}{\theta^2}\frac{\partial^2 X}{\partial t^2}, \qquad \frac{\partial v}{\partial t} = \frac{1}{4\pi}\frac{K}{\theta^2}\frac{\partial^2 Y}{\partial t^2}, \qquad \frac{\partial w}{\partial t} = \frac{1}{4\pi}\frac{K}{\theta^2}\frac{\partial^2 Z}{\partial t^2} ;$$

de sorte qu'en tenant compte des relations (IV), nous aurons successivement :

$$\frac{\theta^2}{K\mu}\Delta X = \frac{4\pi}{K}\theta^2\frac{\partial u}{\partial t} \qquad \text{ou bien} \qquad \Delta X = 4\pi\mu\frac{\partial u}{\partial t} ;$$

de même :

$$\Delta Y = 4\pi\mu \frac{\partial v}{\partial t},$$

$$\Delta Z = 4\pi\mu \frac{\partial w}{\partial t} \; ;$$

mais comme évidemment :

$$c\Delta X = \Delta u, \qquad c\Delta Y = \Delta v, \qquad c\Delta z = \Delta w,$$

nous déduisons :

$$(\text{V}) \quad \begin{cases} \Delta u = 4\pi.\mu.c.\dfrac{\partial u}{\partial t}, \\[2mm] \Delta v = 4\pi.\mu.c.\dfrac{\partial v}{\partial t}, \\[2mm] \Delta w = 4\pi.\mu.c.\dfrac{\partial w}{\partial t} \; ; \end{cases}$$

les systèmes d'unités choisies ici sont évidemment ceux adoptés par Hertz.

Ces équations sont identiques à celles obtenues par Fourier dans l'étude de la diffusion de la chaleur.

Répartition du courant dans un conducteur cylindrique. — Comme application de ces formules, étudions la distribution du courant dans un conducteur cylindrique circulaire de rayon R, dont nous supposerons l'axe coïncidant avec l'axe $0z$; soient ξ, η, ζ les coordonnées d'un point quelconque de ce fil, r la distance à l'axe des z d'un de ces points, nous avons :

$$\xi^2 + \eta^2 = r^2 \; ;$$

dans ces conditions, le courant n'a qu'une seule composante w :

$$\frac{\partial w}{\partial \xi} = \frac{\partial w}{\partial r}.\frac{\partial r}{\partial \xi} = \frac{\partial w}{\partial r}\frac{\xi}{r}; \quad \frac{\partial w^2}{\partial \xi^2} = \frac{\partial^2 w}{\partial r^2}\frac{\xi^2}{r^2} + \frac{\partial w}{\partial r}.\frac{1}{r} - \frac{\partial w}{\partial r}\frac{\xi^2}{r^3};$$

de même :

$$\frac{\partial^2 w}{\partial \eta^2} = \frac{\partial^2 w}{\partial r^2}\frac{\eta^2}{r^2} + \frac{\partial w}{\partial r}.\frac{1}{r} - \frac{\partial w}{\partial r}\frac{\eta^2}{r^3};$$

or, dans ce conducteur cylindrique circulaire de rayon R, le courant ne dépend pas de ζ manifestement ; donc :

$$\Delta w = \frac{\partial^2 w}{\partial r^2} + \frac{1}{r}\frac{\partial w}{\partial r},$$

c'est-à-dire :

$$\frac{\partial^2 w}{\partial r^2} + \frac{1}{r}\frac{\partial w}{\partial r} = 4.\pi.\mu.c.\frac{\partial w}{\partial t} \; ;$$

nous avons vu (fasc. V page 62), que, pour des fréquences élevées, le courant se portait à la surface, c'est-à-dire que si p est la distance du point considéré à la périphérie, nous aurons :

$$r = \mathrm{R} - p \; ;$$

l'équation précédente se transforme en la suivante par suite de ce changement de variable :

$$\frac{\partial^2 w}{\partial p^2} - \frac{1}{\mathrm{R} - p}\frac{\partial w}{\partial p} = 4\pi.\mu.c.\frac{\partial w}{\partial t},$$

et, comme p est infiniment petit auprès de R :

$$\frac{\partial^2 w}{\partial p^2} - \frac{1}{\mathrm{R}}\frac{\partial w}{\partial p} = 4\pi.\mu.c\frac{\partial w}{\partial t} \; ;$$

quand on sera en présence d'un gros conducteur, on pourra encore réduire à la suivante [1] :

$$\frac{\partial^2 w}{\partial p^2} = 4.\pi.\mu.c\frac{\partial w}{\partial t}.$$

Nous allons supposer que ce conducteur soit le siège d'une force électromotrice déterminant, à la surface, un courant harmonique de la forme :

$$w_s = \mathrm{I}_s \sin\frac{2\pi}{\mathrm{T}}t,$$

nous allons chercher si une fonction périodique de la forme suivante ne pourrait pas satisfaire à l'équation aux dérivées partielles données :

$$w = x \sin\frac{2\pi}{\mathrm{T}}t + y \cos\frac{2\pi}{\mathrm{T}}t,$$

en laquelle x et y sont des fonctions de p à déterminer ; en substituant nous aurons :

$$\left(\frac{\partial^2 x}{\partial p^2} + \frac{8\pi^2.\mu.c.y}{\mathrm{T}}\right)\sin\frac{2\pi}{\mathrm{T}}t + \left(\frac{\partial^2 y}{\partial p^2} - \frac{8\pi^2.\mu.c.x}{\mathrm{T}}\right)\cos\frac{2\pi}{\mathrm{T}}t = 0 \; ;$$

cette équation peut être satisfaite en résolvant les deux suivantes :

$$\begin{cases} \dfrac{\partial^2 x}{\partial p^2} + ay = 0, \\[2mm] \dfrac{\partial^2 y}{\partial p^2} - a.x = 0, \end{cases}$$

---

(1) Fourier a obtenu une formule identique pour l'équation de la propagation de la chaleur.

après avoir préalablement posé :

$$a = \frac{8.\pi^2.\mu.c}{\mathrm{T}}.$$

Tirons de la deuxième :

$$\frac{\partial^2 x}{\partial p^2} = \frac{1}{a}\frac{\partial^4 y}{\partial p^4}$$

puis, reportons dans la première ; il vient :

$$\frac{\partial^4 y}{\partial p^4} + a^2 y = 0 \, ;$$

d'ailleurs, si on eût désiré obtenir x au lieu de y, on eut trouvé :

$$\frac{\partial^4 x}{\partial p^4} + a^2 x = 0.$$

On est ainsi ramené à la résolution d'un type classique.
Posons $x = e^{pm}$, m étant une constante, nous aurons en remplaçant dans l'équation précédente ;

$$e^{pm}(m^4 + a^2) = 0 \, ;$$

les quatre racines de l'équation :

$$m^4 + a^2 = 0$$

sont, on le vérifie facilement :

$$m_1 = (1 + \sqrt{-1})\sqrt{\frac{a}{2}}, \qquad m_3 = (1 - \sqrt{-1})\sqrt{\frac{a}{2}},$$

$$m_2 = -(1 + \sqrt{-1})\sqrt{\frac{a}{2}}, \qquad m_4 = -(1 - \sqrt{-1})\sqrt{\frac{a}{2}} \, ;$$

de sorte que l'intégrale générale devient :

$$x = \alpha_1 e^{p(1+\sqrt{-1})\sqrt{\frac{a}{2}}} + \alpha_2 e^{-p(1+\sqrt{-1})\sqrt{\frac{a}{2}}} + \alpha_3 e^{p(1-\sqrt{-1})\sqrt{\frac{a}{2}}} + \alpha_4 e^{-p(1-\sqrt{-1})\sqrt{\frac{a}{2}}}$$

ou encore :

$$x = \begin{cases} e^{-p\sqrt{\frac{a}{2}}}\left[\alpha_2 e^{-p\sqrt{-1}\sqrt{\frac{a}{2}}} + \alpha_4 e^{+p\sqrt{-1}\sqrt{\frac{a}{2}}}\right], \\[2mm] + e^{p\sqrt{\frac{a}{2}}}\left[\alpha_1 e^{p\sqrt{-1}\sqrt{\frac{a}{2}}} + \alpha_3 e^{-p\sqrt{-1}\sqrt{\frac{a}{2}}}\right] \, ; \end{cases}$$

or, d'après la nature même du problème, x ne peut pas croître indéfiniment avec p, *tout au contraire*, donc la deuxième parenthèse de la formule précédente, qui tendrait à croître indéfiniment grâce à l'exponentielle, doit être nulle par ses coefficients α et nous aurons ainsi :

$$x = e^{-p\sqrt{\frac{a}{2}}}\left[\alpha_2\, e^{-p\sqrt{-1}\sqrt{\frac{a}{2}}} + \alpha_4\, e^{+p\sqrt{-1}\sqrt{\frac{a}{2}}}\right],$$

ce qui peut encore s'écrire, en appliquant la formule d'Euler :

$$x = e^{-p\sqrt{\frac{a}{2}}}\left[A\cos.\, p\sqrt{\frac{a}{2}} + B\sin p\sqrt{\frac{a}{2}}\right];$$

en dérivant deux fois par rapport à p, nous aurons $-ay$; nous écrivons, sans calcul intermédiaire, le résultat :

$$y = e^{-p\sqrt{\frac{a}{2}}}\left[B\cos p\sqrt{\frac{a}{2}} - A\sin p\sqrt{\frac{a}{2}}\right],$$

de sorte que :

$$w = e^{-p\sqrt{\frac{a}{2}}}\left[A\sin\left(\frac{2\pi}{T}t - p\sqrt{\frac{a}{2}}\right) + B\cos\left(\frac{2\pi}{T}t - p\sqrt{\frac{a}{2}}\right)\right];$$

comme, pour $p = 0$, nous avons :

$$w_s = I_s\sin\frac{2\pi}{T}t\,;$$

nous tirons :

$$B = 0,\ A = I_s,$$

et ainsi :

$$w = I_s\, e^{-p\sqrt{\frac{a}{2}}}\sin\left(\frac{2\pi}{T}t - p\sqrt{\frac{a}{2}}\right),$$

en laquelle, nous rappelons que p est la distance à la périphérie du câble et a l'expression :

$$a = \frac{8\pi^2.\mu.c}{T}\,;$$

nous voyons que le courant se décale de plus en plus à mesure qu'il s'enfonce à l'intérieur ; en même temps, dans ce mouvement, il s'amortit davantage.

PROBLÈME. — Cherchons, à l'aide de la formule établie, la distance ε pour laquelle l'amplitude du courant soit réduite à $\dfrac{1}{n}$.

A la surface, le courant est I_s, à la distance ε l'amplitude deviendra :

$$w_s = I_s e^{-\varepsilon\sqrt{\frac{a}{2}}},$$

de sorte que nous aurons :

$$I_s\, e^{-\varepsilon\sqrt{\frac{a}{2}}} = \frac{1}{n}\, I_s,$$

ou encore :

$$e^{-\varepsilon\sqrt{\frac{a}{2}}} = \frac{1}{n} \qquad \text{et} \qquad \varepsilon = \sqrt{\frac{2}{a}}\,\log_e n\ ;$$

or :

$$\sqrt{\frac{2}{a}} = \frac{1}{2\pi}\sqrt{\frac{T}{\mu c}},$$

et ainsi :

$$\varepsilon = \frac{1}{2\pi}\sqrt{\frac{T}{\mu.c}}\,\log_e n\ ;$$

si l'on veut mettre en évidence la pulsation ω, on remplacera T par $\dfrac{2\pi}{\omega}$, et on aura ainsi :

$$\varepsilon = \frac{\log_e n}{\sqrt{2\pi\mu.\,c}}\cdot\frac{1}{\sqrt{\omega}}\ ;$$

nous avions déjà (fasc. V, p. 63) donné cette formule sous cette dernière forme, mais sans en fournir la démonstration.

L'énergie qui se dégage dans un fil lui est fournie par le milieu extérieur. — Soit un fil circulaire rectiligne dont la direction est Oy ; la figure 45 représente la section droite de ce conducteur. La force électrique F_e à la surface du fil est dirigée, pour les fréquences faibles de la pratique courante suivant Oy, la force magnétique F_m en 0 est dirigée suivant Ox, cette force est normale à F_e. La direction de propagation de l'énergie est, d'après la règle précédemment énoncée suivant Oz, *vers l'intérieur du fil et normalement à sa surface* ; la valeur du vecteur radiant, d'après ce que nous avons vu page 96 est :

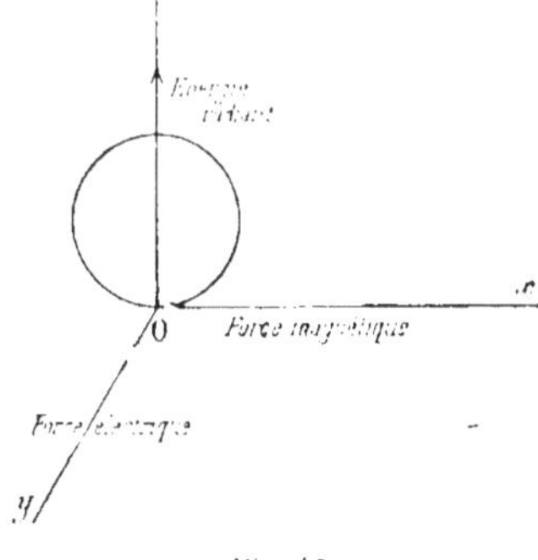

Fig. 45.

$$F_e.\,F_m.$$

En tous les points du fil, nous aurions la même conclusion ; prenons une longueur l de ce fil de rayon r, nous aurons à travers la surface cylindrique ainsi déterminée :

$$\frac{\partial}{\partial t} \int\int\int W_T \, dv = \frac{\theta}{4\pi} F_e F_m . 2\pi . r . l,$$

c'est-à-dire, en désignant par F'_E la valeur de la force électrique en unités électromagnétiques ordinaires :

$$\frac{\partial}{\partial t} \int\int\int W_T \, dv = \frac{1}{4\pi} . F'_- . F_m . 2\pi . r . l \, ;$$

mais, en vertu de la loi d'Ampère :

$$2\pi \, r F_m = 4\pi \, i,$$

et ainsi :

$$\frac{\partial}{\partial t} \int\int\int W_T \, dv = F'_E . l \times i \, ;$$

or, $F'_E \, l$ étant la différence de potentiel entre les extrémités du cylindre, le second membre nous donne la puissance qui se dégrade en chaleur d'après la loi de Joule. Ainsi, nous concluons que *l'énergie qui se dégrade dans le fil lui arrive du milieu extérieur*. Dans l'ancienne théorie électrique, les rôles principaux étaient tenus par les conducteurs ; avec la théorie de Maxwell, ils ne jouent plus que le rôle de *dégradateurs* et de *jalonneurs d'énergie électrique*. Les conducteurs, dans cette théorie, sont en quelque sorte les *tombeaux* de l'énergie électrique, sauf, dans le cas de fréquences très élevées, car, dans cette hypothèse, le conducteur devient assimilable à un conducteur de résistance nulle, ainsi que nous l'indiquerons plus loin.

Condensateurs en charge. — Condensateurs en décharge. — Condensateurs se déchargeant lentement à travers les diélectriques. — Les composantes du courant de déplacement dans un milieu sont données par les expressions suivantes (page 77) :

$$u = \frac{k}{4\pi} \frac{\partial X}{\partial t}, \quad v = \frac{k}{4\pi} \frac{\partial Y}{\partial t}, \quad w = \frac{k}{4\pi} \frac{\partial Z}{\partial t} \, ;$$

un courant de déplacement peut donc être de sens contraire à la force électrique.

Pendant la charge, le courant de déplacement a le sens de la force électrique, parce que celle-ci croît; pendant la décharge, au contraire, le sens du courant de déplacement est inverse de la force électrique.

Le lecteur pourra, appliquant le théorème de Poynting, vérifier que celui-ci indique que le diélectrique absorbe, pendant la charge, une quantité d'énergie qu'il restitue pendant la décharge. Il sera puéril de croire qu'on a ainsi acquis *un fait nouveau*, car, c'est sur cette idée d'énergie emmagasinée dans le diélectrique que nous sommes arrivés à la notion du déplacement électrique.

Lorsque le condensateur se décharge à travers un fil de jonction, l'énergie, qui sort du milieu diélectrique compris entre les armatures, pénètre normalement dans ce fil, par l'intermédiaire du diélectrique au milieu duquel ce fil est noyé ; cette énergie qui a ainsi pénétré dans le fil se transforme en chaleur.

Ce sont donc les milieux diélectriques qui servent à transporter l'énergie électrique, ces milieux font ce transport sans exiger aucune rémunération ; les conducteurs, au contraire, ne transportent pas l'énergie électrique, puisque l'énergie électrique, qui pénètre en eux, est immédiatement dégradée en une autre sorte d'énergie : l'énergie calorifique.

Pour les courants à très haute tension, l'énergie ne peut pénétrer profondément dans les fils, pour ces courants, les conducteurs serviront de jalonnement.

Quand un condensateur isolé est formé d'un diélectrique un peu conducteur, on admet qu'on est alors en présence, dans ce diélectrique un peu conducteur, de deux courants égaux de sens contraire. Le courant de conduction a lieu dans le sens de la force électrique, le courant de déplacement est de sens contraire à la force électrique qui décroît. La force magnétique résultant de l'ensemble des deux courants est nulle, le vecteur radiant est nul, il n'y a pas d'énergie fournie ou reçue par le milieu environnant, toute l'énergie est gaspillée sur place à échauffer le quasidiélectrique.

Propagation dans un diélectrique quelconque. — Relation de Maxwell. — Considérons un oscillateur formé d'un métal bon conducteur, il émettra dans un milieu isolant A des ondes dont la caractéristique, c'est-à-dire la longueur λ, ne pourra dépendre que des dimensions et formes géométriques de l'oscillateur et, peut-être aussi, des propriétés électriques et magnétiques du milieu A. En traitant les formules (5) et (7) des pages 84 et 87, on arriverait, en effet, à l'expression suivante, le système d'unités électromagnétiques étant choisi :

$$\frac{\partial^2 X}{\partial^2 t} = \frac{1}{\mu k}\, \Delta X,$$

Les propriétés électriques d'un milieu isolant sont caractérisées par un coefficient unique, la constante diélectrique k, tandis que les propriétés magnétiques dépendent d'un coefficient unique qui, *dans le système électromagnétique, est un nombre* indépendant des dimensions géométriques et du temps. De cette analyse, il résulte que la longueur d'onde doit s'exprimer par une expression :

$$\lambda = \varphi\, (l_1,\, l_2,\, ...l_p,\, k),$$

dans laquelle l_1, l_2... l_p sont les longueurs caractérisant l'oscillateur ; nous avons démontré dans le présent fascicule (page 92) que, *dans le système électromagnétique*, k a pour dimension ($L^{-2}T^2$), il faudrait donc que λ dépendît du choix de l'unité de temps, ce qui est inexact puisque, d'autre part :

$$\lambda = VT,$$

dont les dimensions sont (LT^{-1}) $\times$ T ou L ; ainsi λ est indépendant de la constante diélectrique k, autrement dit : *la longueur des ondes qu'un oscillateur donné est susceptible d'émettre reste la même quel que soit le milieu isolant choisi pour faire l'expérience.* C'est une loi analogue à celle donnée en acoustique : un tuyau sonore émet des ondes dont la longueur est indépendante de la nature du gaz dans lequel il est plongé au cours de l'expérience. Blondlot a vérifié, expérimentalement, la propriété des ondes électriques, en effectuant des mesures dans l'huile de ricin et l'essence de térébenthine.

Si l'on considère deux milieux A et B, dans lesquels les vitesses de propagation d'un mouvement oscillatoire ont des valeurs distinctes V_A et V_B et qu'on étudie des ondes électriques dans ces milieux, nous aurons : en supposant le diélectrique B défini par les valeurs K et μ de la constante diélectrique et de la perméabilité, tandis que l'autre A étant le vide, on a K $= \mu = 1$:

$$\frac{V_A}{V_B} = \frac{0}{\dfrac{0}{\sqrt{\mu K}}} = \sqrt{\mu.K},$$

or, si n est l'indice de réfraction, nous avons :

$$n = \frac{V_A}{V_B} = \sqrt{\mu.\,K}.$$

Dans la plupart des diélectriques, μ diffère peu de 1, de sorte qu'on doit avoir simplement :

$$n^2 = \mathrm{K} \; ;$$

Autrement dit : *le carré de l'indice de réfraction d'un milieu A par rapport au vide est égal à la constante diélectrique de ce même milieu A par rapport au vide.*

Rôle de la résistance des conducteurs dans le cas des oscillations d'ordre très élevé. — Dans le cas des oscillations simplement périodiques du courant dans un conducteur :

$$\mathrm{I} = \mathrm{I}_0 \sin \frac{2\pi}{\mathrm{T}}\, t,$$

on sait que la résistance R arrive à acquérir de moins en moins d'importance dans l'impédance, au fur et à mesure que T diminue, car le carré de l'impédance est donné par la formule :

$$\rho^2 = \mathrm{R}^2 + \mathrm{L}\left(\frac{2\pi}{\mathrm{T}}\right)^2,$$

de sorte que, pour des fréquences très élevées, les conducteurs jouent le rôle de conducteur parfait, c'est-à-dire de conducteur à résistance nulle, c'est-à-dire n'absorbant pas d'énergie.

H. Poincaré a déduit facilement [1] :

1° La force électrique est nulle à l'intérieur d'un conducteur parfait ou à l'intérieur d'un conducteur quelconque dans le cas d'oscillations très rapides ;

2° La force électrique est normale au conducteur à la surface d'un conducteur parfait ou à l'intérieur d'un conducteur quelconque dans le cas d'oscillations très rapides ;

3° En un point voisin du conducteur, la force magnétique est perpendiculaire au courant superficiel et proportionnelle à sa densité superficielle ;

4° Le flux de force magnétique qui traverse une surface fermée comprise dans un diélectrique est nul.

---

[1] *Oscillations électriques* publiées par H. Maurain, page 57 et suivantes.

CHAPITRE V

Étude analytique des doublets.

Définition des doublets. — Propriétés des doublets. — Hertz appelle *doublet* le système de deux masses électriques $+ q$ et $- q$ oscillant dans un circuit linéaire de longueur $2l$; ce circuit est appelé axe du doublet (fig. 46). Le moment $\mathfrak{M}$ du doublet est caractérisé par la relation de définition :

$$\mathfrak{M} = 2.l.q.$$

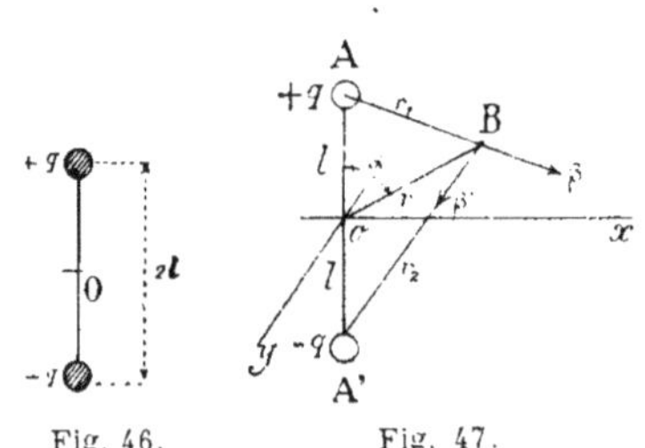

Fig. 46.   Fig. 47.

Calculons la composante du champ électrique en un point B à la distance Υ du milieu de l'axe du doublet (fig. 47) ; prenons, comme plan de coordonnées, le plan qui contient le doublet et passe par B, l'axe des Z étant l'axe du doublet et l'axe des x étant la perpendiculaire élevée à l'axe du doublet en son milieu. Soit Υ_1 la distance de B à la masse $+ q$ installée en A, Υ_2 la distance de B à la masse $- q$ installée en A′ ; nous avons, pour représenter l'action de $+ q$ sur la masse unité placée en B, le vecteur Bβ dans le prolongement de BA ; en supposant la constante du diélectrique égal à K, nous aurons :

$$B\beta = \frac{1}{K}\frac{q}{\Upsilon_1^2} ;$$

Les composantes de Bβ sont :

$$\text{Suivant } ox \ldots \ldots \frac{1}{K}\frac{q}{\Upsilon_1^2} \cdot \frac{x}{\Upsilon_1} = \frac{1}{K}\frac{q.x}{\Upsilon_1^3}$$

$$\text{Suivant } oz \ldots \ldots -\frac{1}{K}\frac{q}{\Upsilon_1^2}\frac{l-z}{\Upsilon_1} = -\frac{1}{K}\frac{q\,(l-z)}{\Upsilon_1^3} ;$$

Les composantes du champ dûes à A′ seraient :

$$\text{Suivant } ox \ldots \ldots -\frac{1}{K}\cdot\frac{q}{\mathrm{r}_2{}^2}\cdot\frac{x}{\mathrm{r}_2} = --\frac{1}{K}\cdot\frac{qx}{\mathrm{r}_2{}^3},$$

$$\text{Suivant } oz \ldots \ldots -\frac{1}{K}\cdot\frac{q}{\mathrm{r}_2{}^2}\cdot\frac{l+z}{\mathrm{r}_2} = -\frac{1}{K}\frac{q\,(l+z)}{\mathrm{r}_2{}^3},$$

de sorte qu'en appelant E la composante totale suivant ox, R la composante suivant oz :

$$E = \frac{q}{K}\left(\frac{x}{\mathrm{r}_1{}^3} - \frac{x}{\mathrm{r}_2{}^3}\right),$$

$$R = -\frac{q}{K}\left(\frac{l-z}{\mathrm{r}_1{}^3} + \frac{l+z}{\mathrm{r}_2{}^3}\right),$$

Ces deux expressions sont susceptibles de présenter une autre forme que nous allons leur donner ; étudions d'abord E.

Nous avons :

$$\mathrm{r}_1{}^2 = l^2 + \mathrm{r}^2 - 2lz,$$
$$\mathrm{r}_2{}^2 = l^2 + \mathrm{r}^2 + 2lz,$$

et ainsi :

$$E = \frac{qx}{K}\left[\frac{(l^2 + \mathrm{r}^2 + 2lz)^{\frac{3}{2}} - (l^2 \times \mathrm{r}^2 - 2lz)^{\frac{3}{2}}}{(l^2 + \mathrm{r}^2 - 2lz)^{\frac{3}{2}}(l^2 + \mathrm{r}^2 + 2lz)^{\frac{3}{2}}}\right].$$

Au numérateur, si l *est petit devant* r, on peut écrire en négligeant l^2, et ainsi :

$$(\mathrm{r}^2 + 2lz)^{\frac{3}{2}} = \mathrm{r}^3 + \frac{3}{2}\mathrm{r} \times (2lz) + \ldots$$

$$(\mathrm{r}^2 - 2lz)^{\frac{3}{2}} = \mathrm{r}^3 - \frac{3}{2}\mathrm{r} \times (2lz) + \ldots$$

de sorte que :

$$E = \frac{6q.l.xz}{K\mathrm{r}^5} = \frac{3}{K}\,\mathfrak{M}\,\frac{x.z}{\mathrm{r}^5};$$

calculons l'expression :

$$a = \frac{\partial^2}{\partial x.\partial z}\left(\frac{1}{\mathrm{r}}\right),$$

nous obtenons immédiatement :

$$a = \frac{3\,xz}{\mathrm{r}^5},$$

et ainsi, la composante du champ suivant ox sera donnée par :

$$E = \frac{1}{K}\,\mathfrak{M}\,\frac{\partial^2}{\partial x.\partial z}\left(\frac{1}{\mathrm{r}}\right).$$

Le calcul de R nous donne, en négligeant l devant Υ :

$$R = -\frac{q}{K}\left[\frac{(l-z)(\Upsilon^3 + 3\Upsilon lz) + (l+z)(\Upsilon^3 - 3\Upsilon lz)}{\Upsilon_1^3\,\Upsilon_2^3}\right]$$

$$= -\frac{2ql}{K}\left[\frac{1}{\Upsilon^3} - \frac{3z}{\Upsilon^5}\right] = \frac{\mathfrak{M}}{K}\frac{\partial^2}{\partial z^2}\left(\frac{1}{\Upsilon}\right);$$

Pour passer du système électrostatique au système électromagnétique, nous remarquerons que la même masse électrique s'exprimera par un nombre θ fois *plus petit*, tandis que le champ électrique occasionné par les mêmes masses du doublet sera exprimé par un nombre θ fois *plus grand*, de sorte qu'en supposant $K = 1$, il faudra, dans les égalités précédentes, introduire le facteur θ^2 (page 92).

En résumé, en *unités électromagnétiques*, on a :

$$\begin{cases} E = \mathfrak{M}.\,\theta^2.\,\dfrac{\partial^2}{\partial z\partial x}\left(\dfrac{1}{\Upsilon}\right), \\[2mm] R = \mathfrak{M}\,\theta^2\,\dfrac{\partial^2}{\partial z^2}\left(\dfrac{1}{\Upsilon}\right) \end{cases}$$

Si nous avons affaire à un doublet variable, c'est-à-dire pour lequel la distance l varie avec le temps et que le moment de ce doublet soit :

$$\mathfrak{M} = \mathfrak{M}_0 \sin \omega t,$$

nous aurons, en *supposant expressément pour l'instant* que les actions à distance s'effectuent *instantanément* :

$$\begin{cases} E = \mathfrak{M}_0\,\theta^2 \sin \omega t\,\dfrac{\partial^2}{\partial x\,\partial z}\left(\dfrac{1}{\Upsilon}\right), \\[2mm] R' = \mathfrak{M}_0\,\theta^2 \sin \omega t\,\dfrac{\partial^2}{\partial z^2}\left(\dfrac{1}{\Upsilon}\right). \end{cases}$$

CALCUL DE LA FORCE MAGNÉTIQUE EN B. — Supposons que la masse q avance de dl, pendant que la masse $-q$ s'approche de la même quantité en sens inverse, le déplacement du premier sera :

$$q\cdot\frac{dl}{dt};$$

celui du second lui sera identique, car sa valeur sera $(-q)\left(-\dfrac{dl}{dt}\right)$, de telle sorte que le déplacement total ressort à :

$$2q\frac{dl}{dt};$$

de plus, nous avons :

$$2lq = \mathfrak{M} = \mathfrak{M}_0 \sin \omega t,$$

ce qui entraine :

$$2q.\frac{dl}{dt} = \mathfrak{M}_0\,\omega\cos\omega t\,;$$

appliquons à ces déplacements la *loi de Laplace*, en supposant *toujours expressément que les actions à distance s'effectuent instantanément* ; nous aurons pour composante H de la force magnétique au point B (fig. 48) :

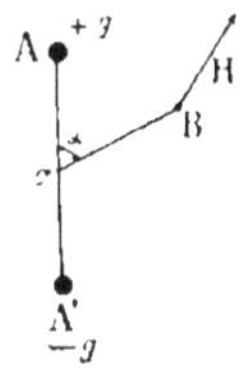

$$H = \frac{\mathfrak{M}_0\,\omega.\,\cos\,\omega t}{r^2}\sin\alpha.$$

Cette force est normale au méridien du doublet qui passe par B, α est l'angle de l'axe du doublet avec la droite OB joignant B au point milieu O de l'axe du doublet.

Fig. 48.

Expression des composantes des force électrique et magnétique relatives à un doublet [1]. — Nous allons, pour étudier le champ, supposer le centre O de l'excitateur placé à l'origine des coordonnées ; nous prendrons comme axe des z, l'axe même du doublet, les deux autres axes seront ox et oy perpendiculaires sur oz. Nous supposerons que le champ magnétique se compose de circonférences parallèles au plan des xy et dont les centres sont sur oz ; c'est par raison de symétrie évidente que nous admettons ce mode de distribution. Nous pourrons, pour la même raison, admettre que la force électrique se trouve dans le plan méridien contenant B (fig. 49).

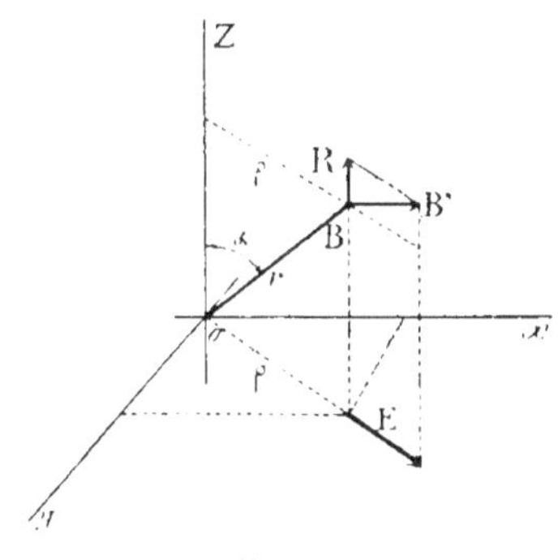

Fig. 49.

Ceci posé, appelons ρ la distance de B à l'axe à oz, α l'angle de r et de oz, R la composante verticale de la force électrique, E la deuxième composante de cette même force parallèle au plan des xy, enfin H la force magnétique au point B.

Nous allons appliquer la relation d'Ampère de deux façons distinctes : une première fois, en considérant le flux diélectrique qui traverse

<hr>

[1] Nous avons suivi ici une méthode élémentaire dont le principe est indiqué dans l'excellent ouvrage de Bouasse.

une couronne circulaire limitée (fig. 50) par deux circonférences horizontales infiniment rapprochées, dont une passe par le point B ; une seconde fois (fig. 51), en considérant le flux diélectrique qui tra-

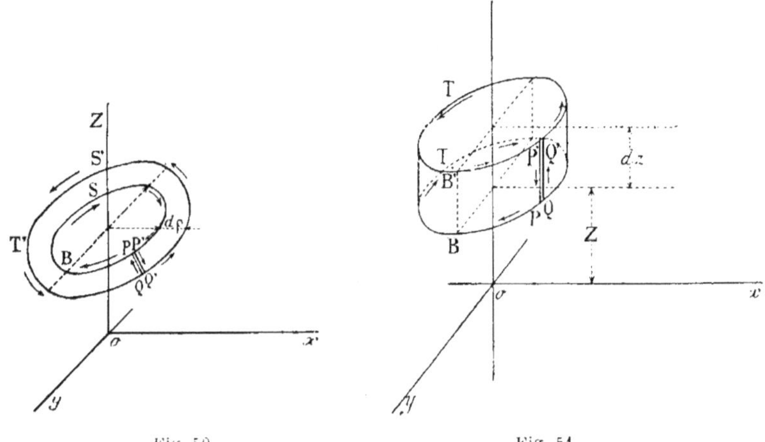

Fig. 50.

Fig. 51.

verse une surface cylindrique limitée par deux cercles égaux infiniment rapprochés, dont un passe par B.

Appelons w le courant de déplacement vertical correspondant à la composante de la force électrique R au point B, nous avons, *en unités électromagnétiques* :

$$4\pi w = \frac{K}{\theta^2} \frac{\partial R}{\partial t}.$$

A travers la couronne circulaire horizontale (fig. 50), menons deux chemins radiaux infiniment rapprochés PQ et P'Q', écrivons que le travail de la force magnétique H le long du circuit fermé PBSP'Q'S'T'QP est égal 4π fois le flux diélectrique qui traverse l'aire enveloppée, nous aurons facilement, en appelant ρ le rayon intérieur et $d\rho$ la largeur de la couronne :

$$4\pi w.2\pi.\rho.d\rho = 2\pi \left[(\rho + d\rho)(H + dH) - \rho H \right]$$

$$= 2\pi \frac{\partial (\rho H)}{\partial \rho} d\rho \ ;$$

c'est-à-dire, en tenant compte de la valeur de $4\pi w$ déjà obtenue :

$$\frac{K}{\theta^2} \frac{\partial R}{\partial t} = \frac{1}{\rho} \frac{\partial}{\partial \rho} (\rho H) \tag{1}$$

nous obtiendrons immédiatement, sans qu'il soit besoin de refaire les calculs, en appliquant le même principe d'Ampère à la figure 51, la seconde relation suivante :

$$\frac{K}{\theta^2}\frac{\partial E}{\partial t} = -\frac{1}{\rho}\frac{\partial}{\partial z}(\rho H)\cdot \tag{2}$$

Appliquons maintenant le principe de Faraday, en remarquant que H, R et E forment un trièdre trirectangle [1], nous aurons (page 84), la relation suivante en *unités électromagnétiques* :

$$\mu\frac{\partial H}{\partial t} = \frac{\partial R}{\partial \rho} - \frac{\partial E}{\partial z}\cdot \tag{3}$$

Ceci effectué, posons :

$$\theta^2\rho H = \frac{\partial Q}{\partial t},$$

alors nous déduisons de (1) et de (2) :

$$K\frac{\partial R}{\partial t} = \frac{1}{\rho}\frac{\partial^2 Q}{\partial \rho.\partial t}, \qquad K\frac{\partial E}{\partial t} = -\frac{1}{\rho}\frac{\partial^2 Q}{\partial z.\partial t}, \tag{4}$$

ou encore, en intégrant :

$$KR = \frac{1}{\rho}\frac{\partial Q}{\partial \rho}, \qquad KE = -\frac{1}{\rho}\frac{\partial Q}{\partial z}, \tag{4'}$$

il n'y a aucune constante à ces intégrales, car pour ρ extrèmement grand, R et E sont évidemment nuls ; quant à H, il est égal à :

$$H = \frac{1}{\theta^2}\frac{1}{\rho}\frac{\partial Q}{\partial t} ; \tag{4''}$$

posons :

$$Q = \rho\frac{\partial \pi}{\partial \rho}, \tag{5}$$

nous avons :

$$KR = \frac{1}{\rho}\frac{\partial}{\partial \rho}\left(\rho\frac{\partial \pi}{\partial \rho}\right) = \frac{\partial^2 \pi}{\partial \rho^2} + \frac{1}{\rho}\frac{\partial \pi}{\partial \rho} \tag{6}$$

$$KE = -\frac{1}{\rho}\frac{\partial}{\partial z}\left(\rho\frac{\partial \pi}{\partial \rho}\right) = -\frac{\partial^2 \pi}{\partial z.\partial \rho}, \tag{7}$$

$$H = \frac{1}{\theta^2}\frac{1}{\rho}\cdot\frac{\partial Q}{\partial t} = \frac{1}{\theta^2}\cdot\frac{\partial^2 \pi}{\partial \rho.\partial t}\cdot \tag{8}$$

En reportant ces valeurs de E, R, H dans l'expression (3), nous obtiendrons, après intégration par rapport à ρ, la relation suivante :

$$\frac{1}{\theta^2}\frac{\partial^2 \pi}{\partial t^2} = \frac{1}{\mu K}\left[\frac{\partial^2 \pi}{\partial \rho^2} + \frac{1}{\rho}\frac{\partial \pi}{\partial \rho} + \frac{\partial^2 \pi}{\partial z^2}\right] ;$$

---

[1] Il faut remarquer que le système d'axes rectangulaires est ici le système droit, celui qui suit la règle du tire-bouchon. L'établissement des formules fondamentales suppose l'adoption du système gauche.

avec l'hypothèse que le milieu dans lequel le phénomène se produit, est l'air ou le vide, c'est-à-dire dans le cas où :

$$1 = \mu = K = \mu K$$

l'équation se réduit alors à :

$$\frac{1}{\theta^2}\frac{\partial^2\pi}{\partial t^2} = \frac{\partial^2\pi}{\partial\rho^2} + \frac{1}{\rho}\frac{\partial\pi}{\partial\rho} + \frac{\partial^2\pi}{\partial z^2}. \tag{9}$$

Cette équation aux dérivées partielles est vérifiée par les relations du type suivant ([1]) :

$$\pi = \frac{1}{\mathrm{r}}\left[f_1(\theta t + \mathrm{r}) + f_2(\theta t - \mathrm{r})\right], \tag{10}$$

en lesquelles :

$$\mathrm{r}^2 = \rho^2 + z^2 ;$$

l'équation (9) n'est d'ailleurs, sous une autre forme, que l'équation aux dérivées partielles de la propagation d'un *ébranlement dans un milieu élastique* ; l'équation sous sa forme la plus ordinaire serait :

$$\Delta\pi = \frac{1}{\theta^2}\frac{\partial^2\pi}{\partial t^2},$$

$\Delta\pi$ étant la relation de Laplace :

$$\frac{\partial^2\pi}{\partial x^2} + \frac{\partial^2\pi}{\partial y^2} + \frac{\partial^2\pi}{\partial z^2}.$$

([1]) En effet, en posant $\theta t + \mathrm{r} = u$, $\theta t - \mathrm{r} = v$, nous avons :

$$\frac{\partial\pi}{\partial\rho} = \frac{\partial\pi}{\partial\mathrm{r}}, \quad \frac{\partial\mathrm{r}}{\partial\rho} = \frac{\partial\pi}{\partial\mathrm{r}}\cdot\frac{\rho}{\mathrm{r}},$$

$$\frac{\partial\pi}{\partial\rho} = -\frac{\rho}{\mathrm{r}^3}\left[f_1(u) + f_2(v)\right] + \frac{\rho}{\mathrm{r}^2}\left[\frac{\partial f_1}{\partial u} - \frac{\partial f_2}{\partial v}\right],$$

$$\frac{\partial^2\pi}{\partial\rho^2} = +\frac{3\rho^2}{\mathrm{r}^5}\left[f_1(u) + f_2(v)\right] - \frac{1}{\mathrm{r}^3}\left[f_1(u) + f_2(v)\right] - \frac{3\rho^2}{\mathrm{r}^4}\left[\frac{\partial f_1}{\partial u} - \frac{\partial f_2}{\partial v}\right] + \frac{1}{\mathrm{r}^2}\left[\frac{\partial f_1}{\partial u} - \frac{\partial f_2}{\partial v}\right] + \frac{\rho^2}{\mathrm{r}^3}\left[\frac{\partial^2 f_1}{\partial u^2} + \frac{\partial^2 f_2}{\partial v^2}\right],$$

$$\frac{\partial^2\pi}{\partial z^2} = +\frac{3z^2}{\mathrm{r}^5}\left[f_1(u) + f_2(v)\right] - \frac{1}{\mathrm{r}^3}\left[f_1(u) + f_2(v)\right] - \frac{3z^2}{\mathrm{r}^4}\left[\frac{\partial f_1}{\partial u} - \frac{\partial f_2}{\partial v}\right] + \frac{1}{\mathrm{r}^2}\left[\frac{\partial f_1}{\partial u} - \frac{\partial f_2}{\partial v}\right] + \frac{z^2}{\mathrm{r}^3}\left[\frac{\partial^2 f_1}{\partial u^2} + \frac{\partial^2 f_2}{\partial v^2}\right] ;$$

Divisons les deux membres de la deuxième par ρ et ajoutons lui la troisième et la quatrième relations membre à membre, en tenant compte de ce que :

$$\rho^2 + z^2 = \mathrm{r}^2,$$

nous obtenons :

$$\frac{\partial^2\pi}{\partial\rho^2} + \frac{1}{\rho}\frac{\partial\pi}{\partial\rho} + \frac{\partial^2\pi}{\partial z^2} = \frac{1}{\mathrm{r}}\left[\frac{\partial^2 f_1}{\partial u^2} + \frac{\partial^2 f_2}{\partial v^2}\right],$$

mais :

$$\frac{\partial^2\pi}{\partial t^2} = \frac{\theta^2}{\mathrm{r}}\left[\frac{\partial^2 f_1}{\partial u^2} + \frac{\partial^2 f_2}{\partial v^2}\right],$$

et ainsi la valeur de π donnée par la relation (10) est bien solution de l'équation aux dérivées partielles (9) comme il est très facile de le vérifier.

Hertz a supposé que la vibration de l'excitateur est périodique simple, c'est-à-dire que les oscillations *ne sont pas amorties*, enfin il a posé :

$$\pi = \frac{-\theta^2}{r} \mathfrak{M}_0 \sin 2\pi \left(\frac{t}{T} - \frac{r}{\lambda} \right), \tag{11}$$

où $\lambda = VT$; en prenant T pour période du mouvement vibratoire; nous avons dès lors, pour des valeurs infinies de λ, c'est-à-dire pour des propagations *infiniment rapides* :

$$\pi_1 = -\frac{\theta^2}{r} \mathfrak{M}_0 \sin \frac{2\pi t}{T} ; \tag{12}$$

mais on sait que la Laplacienne $\Delta \left(\dfrac{1}{r} \right) = 0$, cette condition,, en coordonnées *cylindriques*, s'exprime comme on le vérifiera facilement, par la relation :

$$\frac{\partial^2}{\partial \rho^2} \left(\frac{1}{r} \right) + \frac{1}{\rho} \frac{\partial}{\partial \rho} \left(\frac{1}{r} \right) + \frac{\partial^2}{\partial z^2} \left(\frac{1}{r} \right) = 0,$$

mais :

$$E = -\frac{\partial^2 \pi_1}{\partial z . \partial \rho} = +\frac{\partial^2}{\partial z . \partial \rho} \left(\frac{1}{r} \right) \times \theta^2 \mathfrak{M}_0 \sin \frac{2\pi}{T} t ; \tag{13}$$

en tenant compte de ce que nous avons :

$$\frac{\partial^2}{\partial \rho^2} \left(\frac{1}{r} \right) + \frac{1}{\rho} \frac{\partial}{\partial \rho} \left(\frac{1}{r} \right) = -\frac{\partial^2}{\partial z^2} \left(\frac{1}{r} \right),$$

nous tirons :

$$R = \frac{\partial^2 \pi_1}{\partial \rho^2} + \frac{1}{\rho} \frac{\partial^2 \pi_1}{\partial \rho} = +\frac{\partial^2}{\partial z^2} \left(\frac{1}{r} \right) \times \theta^2 . \mathfrak{M}_0 \sin \frac{2\pi t}{T} ; \tag{14}$$

enfin, dans ce même cas particulier de la propagation de l'onde avec une *vitesse infinie*, on a ,

$$H = \frac{1}{\theta^2} \frac{\partial^2 \pi_1}{\partial \rho . \partial t} = -\mathfrak{M}_0 \frac{\partial^2}{\partial \rho . \partial t} \left(\frac{\sin \dfrac{2\pi t}{T}}{r} \right),$$

$$= \mathfrak{M}_0 \frac{2\pi}{T} \frac{\rho}{r^3} . \cos \frac{2\pi t}{T},$$

c'est-à-dire (figure 49) :

$$H = \mathfrak{M}_0 \frac{2\pi}{T} \cos \frac{2\pi t}{T} . \frac{\sin \alpha}{r^2} ; \tag{15}$$

les résultats (13), (14) et (15), *sont donc identiques à ceux que directement nous avons obtenu, au commencement de ce chapitre, dans l'hypothèse d'une vitesse infinie de propagation, ils semblent justifier, à posteriori, le choix que fit Hertz pour la valeur de π exprimée par la formule (7).*

Expression de E, R, H *à des distances non très petites.* — En mettant à part le cas des distances très petites, on obtiendra facilement pour E, R et H un ensemble de valeurs que nous exprimons plus loin sans fournir le détail des calculs ; il suffira au lecteur d'expliciter les trois formules (4)′, (4)″, (5) et (11) après avoir fait K = 1. Ces premières séries de formules sont exprimées en *unités électromagnétiques* :

$$Q = \mathfrak{M}_0 \theta^2 \left[\frac{2\pi}{\lambda} \cos 2\pi \left(\frac{t}{T} - \frac{r}{\lambda} \right) + \frac{1}{r} \sin 2\pi \left(\frac{t}{T} - \frac{r}{\lambda} \right) \right] \sin^2\alpha \tag{16}$$

$$\begin{aligned}
E = {}& - \mathfrak{M}_0 \theta^2 \left(\frac{2\pi}{\lambda} \right)^2 . \sin 2\pi \left(\frac{t}{T} - \frac{r}{\lambda} \right) \frac{\sin\alpha . \cos\alpha}{r} \\
& + 3 . \mathfrak{M}_0 \theta^2 \frac{2\pi}{\lambda} . \cos 2\pi \left(\frac{t}{T} - \frac{r}{\lambda} \right) \frac{\sin\alpha . \cos\alpha}{r^2} \\
& + 3 . \mathfrak{M}_0 \theta^2 \sin 2\pi \left(\frac{t}{T} - \frac{r}{\lambda} \right) \frac{\sin\alpha . \cos\alpha}{r^3} ,
\end{aligned} \tag{17}$$

$$\begin{aligned}
R = {}& + \mathfrak{M}_0 . \theta^2 . \left(\frac{2\pi}{\lambda} \right)^2 . \sin 2\pi \left(\frac{t}{T} - \frac{r}{\lambda} \right) \frac{\sin^2\alpha}{r} \\
& - \mathfrak{M}_0 . \theta^2 . \left(\frac{2\pi}{\lambda} \right) . \cos 2\pi \left(\frac{t}{T} - \frac{r}{\lambda} \right) \frac{3\sin^2\alpha - 2}{r^2} \\
& - \mathfrak{M}_0 \theta^2 . \sin 2\pi \left(\frac{t}{T} - \frac{r}{\lambda} \right) \frac{3\sin^2\alpha - 2}{r^3} ,
\end{aligned} \tag{18}$$

$$\begin{aligned}
H = {}& - \frac{\mathfrak{M}_0}{r} . \frac{2\pi}{\lambda} . \frac{2\pi}{T} \sin 2\pi \left(\frac{t}{T} - \frac{r}{\lambda} \right) \sin\alpha \\
& + \frac{\mathfrak{M}_0}{r^2} \frac{2\pi}{T} \cos 2\pi \left(\frac{t}{T} - \frac{r}{\lambda} \right) \sin\alpha .
\end{aligned} \tag{19}$$

A très grande distance, nous pouvons de plus négliger les puissances de $\frac{1}{r}$ supérieures à la première ; nous avons alors, dans ce cas :

$$\left\{ \begin{aligned}
E = {}& - \mathfrak{M}_0 \theta^2 \left(\frac{2\pi}{\lambda} \right)^2 \sin 2\pi \left(\frac{t}{T} - \frac{r}{\lambda} \right) \frac{\sin\alpha . \cos\alpha}{r} \\
R = {}& \mathfrak{M}_0 \theta^2 \left(\frac{2\pi}{\lambda} \right)^2 \sin 2\pi \left(\frac{t}{T} - \frac{r}{\lambda} \right) \frac{\sin^2\alpha}{r} \\
H = {}& - \mathfrak{M}_0 \frac{2\pi}{\lambda} . \frac{2\pi}{T} \sin 2\pi \left(\frac{t}{T} - \frac{r}{\lambda} \right) \frac{\sin\alpha}{r} .
\end{aligned} \right. \tag{20}$$

Si nous exprimons les grandeurs électriques dans le *système d'unités électrostatiques*, en laissant la grandeur magnétique H exprimée en unités électromagnétiques ([1]), nous aurons immédiatement, sans qu'il soit utile de renouveler un raisonnement déjà fait :

$$\left\{ \begin{aligned} \mathrm{E}' &= -\mathfrak{M}_0 \left(\frac{2\pi}{\lambda}\right)^2 \sin 2\pi \left(\frac{t}{T} - \frac{r}{\lambda}\right) \frac{\sin \alpha .\, \cos \alpha}{r} \\ \mathrm{R}' &= \mathfrak{M}_0 \left(\frac{2\pi}{\lambda}\right)^2 \sin 2\pi \left(\frac{t}{T} - \frac{r}{\lambda}\right) \frac{\sin^2 \alpha}{r} \\ \mathrm{H}' &= -\mathfrak{M}_0 \left(\frac{2\pi}{\lambda}\right)^2 \sin 2\pi \left(\frac{t}{T} - \frac{r}{\lambda}\right) \frac{\sin \alpha}{r} . \end{aligned} \right. \tag{20'}$$

La force électrique F_e est donnée par la relation géométrique :

$$F_e^2 = \mathrm{E}'^2 + \mathrm{R}'^2$$
$$= \mathfrak{M}_0^2 \left(\frac{2\pi}{\lambda}\right)^4 \sin^2 2\pi \left(\frac{t}{T} - \frac{r}{\lambda}\right) \frac{\sin^2 \alpha}{r^2} = \mathrm{H}'^2.$$

Nous concluons qu'avec le *choix d'unités précisées plus haut, les mesures de la force électrique et de la force magnétique sont égales en valeurs absolues.*

A grande distance, la surface d'onde est sphérique, les forces électriques et magnétiques sont transversales. — Nous déduisons facilement des formules (20) la relation suivante :

$$\frac{R}{E} . \operatorname{cotg} \alpha = -1 ;$$

or, (fig. 52) cette relation exprime que la force électrique en B est normale, dans le plan méridien, sur le rayon OB, la force H est également ment normale à OB. puisqu'elle est normale au plan méridien contenant OB, H est tangente au parallèle de la sphère de rayon OB qui passe par B ; *évidemment ceci suppose essentiellement que r soit très notablement grand.*

On déduit immédiatement qu'à grande distance, *la famille de surfaces, lieux des points relatifs aux états de même phase dans un milieu isotrope, est constitué par des sphères ayant pour centre, le centre de l'excitateur de Hertz,* là où l'étincelle éclate.

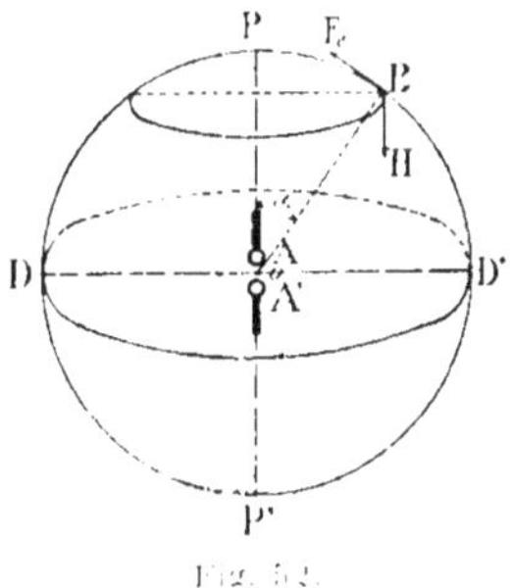

En un point quelconque, les deux forces électriques et magnétiques

---

sont rectangulaires, la force électrique est tangente au cercle méridien, tandis que la force magnétique H est, comme nous l'avons déjà dit, tangente au parallèle.

Le sens respectif des vecteurs magnétique et électrique n'est pas quelconque, on verra facilement qu'un *observateur regardant l'éclateur, de façon à être traversé des pieds à la tête par le vecteur électrique, verra le vecteur magnétique à sa gauche.*

Equation des lignes de force électrique. — Considérons, dans chaque plan méridien, la courbe satisfaisant à la condition :

$$Q = C^{te},$$

c'est-à-dire telle que :

$$\frac{\partial Q}{\partial \rho}\, d\rho + \frac{\partial Q}{\partial z}\, dz = 0,$$

ou encore :

$$\frac{dz}{\dfrac{\partial Q}{\partial \rho}} = - \frac{d\rho}{\dfrac{\partial Q}{\partial z}},$$

et, d'après la formule (4′) précédemment établie :

$$\frac{dz}{R} = \frac{d\rho}{E} ;$$

la courbe qui, dans le plan méridien, correspond à la relation :

$$Q\,(z, \rho) = C^{te}$$

est donc tangente, en chacun de ses points, à la force électrique en ce point ; la conséquence à tirer immédiatement est que :

$$Q\,(z, \rho) = C^{te}$$

est l'équation des familles de courbes représentant les lignes de force électrique.

Mécanisme de la propagation. — Nous venons de voir que les lignes de force électrique étaient constituées par l'intersection des plans méridiens avec les surfaces de révolution Q = constante, c'est-à-dire, d'après la formule 16, avec la famille de surfaces :

$$Q = \mathfrak{M}_0 \theta^2 \left[\frac{2\pi}{\lambda} \cos 2\pi \left(\frac{t}{T} - \frac{r}{\lambda} \right) + \frac{1}{r} \sin 2\pi \left(\frac{t}{T} - \frac{r}{\lambda} \right) \right] \sin^2 \alpha = C^{te}\, \beta,$$

ou encore :

$$\cos 2\pi \left(\frac{t}{T}-\frac{r}{\lambda}\right) + \frac{1}{2\pi r}\lambda . \sin 2\pi \left(\frac{t}{T}-\frac{r}{\lambda}\right) = \frac{b}{\sin^2 \alpha}$$

qui, à grande distance, se réduit à :

$$\cos 2\pi \left(\frac{t}{T}-\frac{r}{\lambda}\right) = \frac{b}{\sin^2 \alpha}.$$

Cherchons à mettre en relief une propriété spéciale à la famille de courbes correspondant à une valeur b donnée. Au *même instant*, correspond, à chaque valeur de α, une infinité de points dont les distances à l'origine se groupent quatre par quatre (fig. 53), tels que ABCD, A′B′C′D′,

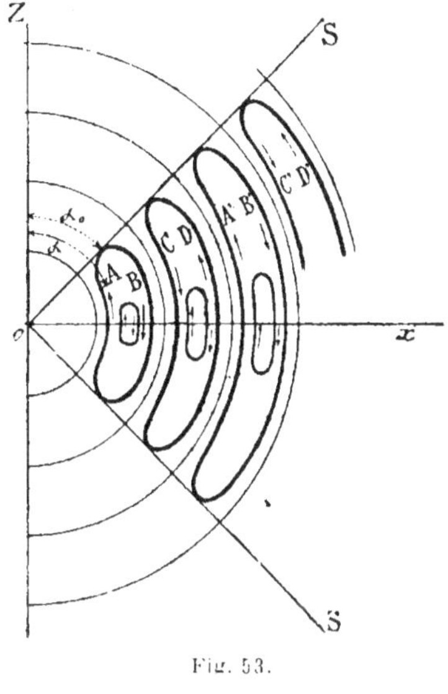

Fig. 53.

etc., etc. Les points A et B correspondent à $+ b$, les points C et D à la valeur $- b$ de la constante. On verra que les courbes ne sont réelles que si :

$$\alpha > \alpha_0,$$

α_0 étant déterminé par la relation :

$$b^2 < \sin^4 \alpha_0.$$

Ce faisceau, correspondant à une valeur de t, se déforme lorsque t augmente ; on passe d'un faisceau à un autre, en augmentant de la même quantité tous les rayons vecteurs.

Il est évident ici que la force électrique n'est pas normale au rayon, comme une analyse de première approximation nous l'avait indiqué plus haut pour les valeurs de r importantes.

Nous donnons les schémas (fig. 54) que Hertz a obtenu en donnant à t les huit valeurs successives :

$$\frac{T}{8}, \frac{T}{4}, \frac{3T}{8}, \frac{T}{2}, \ldots \frac{7T}{8}, T \;;$$

Hertz prenait, pour origine des temps, l'instant où le courant, dans l'excitateur, passait par sa valeur maximum.

Tous les développements précédents ont été effectués en supposant que les oscillations n'étaient pas *amorties*, car la fonction choisie par Hertz ne possède pas de facteur amortissant ; or, les mesures de Bjerkness montrent nettement que cette hypothèse était très loin d'être exacte et que l'excitateur de Hertz présentait, tout au contraire, un très réel amortissement.

Pour tenir compte de l'amortissement, il suffit de choisir, comme l'ont fait Miss Lee et Pearson, une fonction du genre de celle de Hertz, mais affectée d'un facteur amortissant ; l'expression de Miss Lee et de Pearson était la suivante :

$$\pi = -\frac{C}{r} e^{-\frac{\partial}{\lambda}(\theta t - \Upsilon)} \times \sin \frac{2\pi}{\lambda}(\theta t - \Upsilon) \;;$$

les formes obtenues par ces auteurs rappellent celles indiquées par Hertz, mais la complexité en est notablement augmentée ([1]).

Rayonnement énergétique d'un excitateur. — Nous allons appliquer le théorème de Poynting au calcul de l'énergie rayonnée par le doublet, excitateur hertzien élémentaire. Nous allons calculer l'énergie qui rayonne au cours d'une période de durée T, au travers d'une sphère de rayon suffisamment grand Υ, dont le centre O est centre de l'excitateur.

Si, nous appelons F_e la force électrique et F_m (ou H) la force magnétique, nous aurons, en appliquant les formules des pages 95, 96, 97, après avoir remarqué toutefois que F et H sont orthogonales et que le vecteur radiant est normal à la sphère :

$$\frac{d}{dt}\iiint W_T dv = \frac{\theta}{4\pi}\iint F_e.F_m d\sigma \;;$$

---

ou, en remplaçant F_e et F_m par leur valeur commune :

$$\mathfrak{M}_0 \left(\frac{2\pi}{\lambda}\right)^2 \sin 2\pi \left(\frac{t}{T} - \frac{r}{\lambda}\right) \frac{\sin \alpha}{r},$$

nous aurons :

$$\frac{\partial}{\partial t} \int\int\int W_T \, dv = \frac{\theta}{4\pi} \mathfrak{M}_0^2 \frac{16 \cdot \pi^4}{\lambda^4} \int\int \sin^2 2\pi \left(\frac{t}{T} - \frac{r}{\lambda}\right) \frac{\sin^2 \alpha}{r^2} \, d\sigma \, ;$$

or, les angles α et $(\alpha + d\alpha)$ limitent une zone dont l'aire $d\sigma'$ est :

$$d\sigma' = 2\pi . r^2 . \sin \alpha . d\alpha,$$

de sorte que :

$$\frac{\partial}{\partial t} \int\int\int W_T . dv = \frac{\theta}{4\pi} \mathfrak{M}_0^2 \frac{16 \pi^4}{\lambda^4} \sin^2 2\pi \left(\frac{t}{T} - \frac{r}{\lambda}\right) \int_0^\pi 2\pi . \sin^3 \alpha \, d\alpha,$$

ou encore :

$$\frac{\partial}{\partial t} \int\int\int W_T . dv = \frac{2\theta}{3} \mathfrak{M}_0^2 \frac{16 \cdot \pi^4}{\lambda^4} \sin^2 . 2\pi \left(\frac{t}{T} - \frac{r}{\lambda}\right) ;$$

telle est la dérivée par rapport au temps de l'énergie rayonnée à travers la sphère ; pendant la période T, l'énergie rayonnée sera donc :

$$\mathcal{E} = \frac{2\theta}{3} \mathfrak{M}_0^2 \frac{16 \cdot \pi^4}{\lambda^4} \int_0^T \sin^2 . 2\pi \left(\frac{t}{T} - \frac{r}{\lambda}\right) dt,$$

c'est-à-dire, en tenant compte de la relation $\lambda = \theta.T$:

$$\mathcal{E} = \frac{16 \cdot \pi^4 . \mathfrak{M}_0^2}{3 \lambda^3} = 520 \frac{\mathfrak{M}_0^2}{\lambda^3}.$$

Cette quantité d'énergie, qui s'échappe pendant une période, est empruntée à l'énergie primitivement localisée dans le doublet ; une autre cause de dégradation de l'énergie du doublet provient du phénomène calorifique accompagnant la production de l'étincelle. Bref, par le calcul, on trouve que l'amortissement d'un excitateur de Hertz, du fait seul du rayonnement, est déjà considérable et, par une expérience directe sur un tel excitateur, Bjerkness a trouvé la valeur 0,26 pour le décrément de cet appareil.

CHAPITRE VI

Les expériences de Hertz et de ses continuateurs.

Importance capitale des expériences de Hertz (¹). — D'après les idées de Maxwell, l'induction se propage avec une vitesse égale à celle de la lumière, autrement dit, les localisations d'énergie, tant électrique que magnétique, n'apparaissent pas *immédiatement* lors de l'apparition de la cause, mais ces effets mettent un temps fini dépendant de la distance du lieu de leur manifestation au lieu du siège de la cause. A la vérité, après avoir admis la localisation de l'énergie dans l'espace, comme nous l'avons exposé au fascicule 4ᵉ, page 36, il est logique d'admettre qu'une manifestation énergétique mette un temps fini pour se propager, mais, lorsque Maxwell émit cette idée, les esprits n'étaient pas préparés à l'adopter et, il mourut avant de voir le triomphe incontestable de ses idées scientifiques. Au surplus, ce que nous avons admis d'après Maxwell, au fascicule 4ᵉ, page 36, ce n'est pas la localisation *nécessaire* de l'énergie magnétique, nous avons simplement démontré que si *l'on admettait cette hypothèse de répartition énergétique, les lois et conséquences de l'ancienne électrodynamique ne seraient en rien modifiées*, autrement dit, nous avons démontré que cette hypothèse paraissait la plus élégante, parmi toutes celles qui étaient susceptibles de s'accorder de façon satisfaisante avec les faits expérimentaux.

Il n'est donc point étonnant que la plupart des faits expérimentaux puissent être expliqués, aussi bien par l'emploi des anciennes idées électromagnétiques et électrodynamiques, que par l'application systématique des idées de Maxwell sur les localisations énergétiques ; la théorie de Kirchhoff explique des phénomènes déjà complexes,

---

(1 Annalen der Physik, tome XXXI, page 421, 1887.

elle permet de démontrer même que les perturbations le long d'un fil ont une vitesse de propagation égale à celle de la lumière, mais cette théorie restera muette quand il s'agira de tirer des conséquences sur la vitesse de propagation des perturbations dans les diélectriques.

Comme l'exprime H. Poincaré dans son ouvrage : *Les Oscillations Electriques* (chap. V) : « *D'après les anciennes théories, les phénomènes* « *d'induction se manifestent instantanément dans un circuit secondaire,* « *quelque éloigné qu'il soit du primaire ; dans la théorie de Maxwell,* « *au contraire, l'induction se propage avec une vitesse égale précisément* « *à celle de la lumière* » (loc. cit.).

Ainsi donc, jusqu'au moment où, par des expériences indiscutables, on arriverait à pouvoir démontrer que les perturbations électriques et magnétiques ne se propageaient pas *instantanément*, mais, au contraire, mettaient *un temps fini* à franchir les espaces, il n'y avait aucune raison d'abandonner les théories anciennes si péniblement édifiées, pour adopter une théorie nouvelle qui ne s'était pas encore imposée par sa faculté d'expliquer totalement certains phénomènes qu'il serait impossible d'analyser avec l'ancienne. Jusqu'à cette époque, les théories de Maxwell pouvaient être considérées comme des vues plus élégantes des phénomènes électriques et magnétiques ; mais cette raison ne suffisait pas pour abandonner les anciens procédés.

Ce fut Hertz qui eut le premier l'honneur de démontrer expérimentalement, et ce, *de façon irréfutable,* que la propagation dans un diélectrique n'est pas instantanée, mais que cette propagation s'effectue avec une vitesse égale à celle de la lumière. C'est ce résultat qui autorise d'adopter de préférence les hypothèses de Maxwell, puisque les anciennes théories sont impuissantes à prévoir ou même à justifier les expériences auxquelles nous venons de faire allusion. C'est pour cette raison même que les expériences de Hertz ont une *importance capitale.*

Principe des expériences de Hertz. — Hertz a utilisé un appareil auquel il a donné le nom d'excitateur, réalisation pratique du doublet étudié précédemment. Cet appareil est formé de deux sphères, ou de deux larges plaques S et S', prolongées par un conducteur, au milieu de ce conducteur a été pratiquée une solution de continuité limitée par deux petites boules a et b, qui peuvent être facilement plus ou moins écartées (fig. 55).

Cet excitateur constitue un circuit de décharge de capacité et de self-induction très faibles, de façon à obtenir des oscillations extrêmement rapides ainsi que l'indique la formule de lord Kelvin :

$$T = 2\,\pi\sqrt{\mathfrak{L}\mathfrak{c}}.$$

Pour réaliser la charge instantanée de cet excitateur, nous mettrons chacune des petites boules a et b en communication avec les bornes d'une puissante bobine de Ruhmkorff.

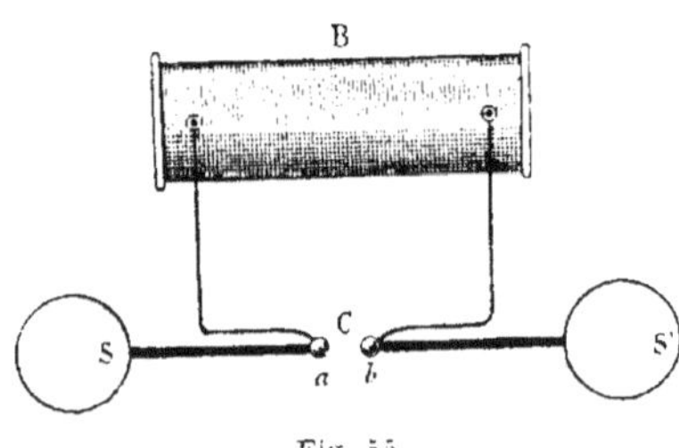

Fig. 55.

Lorsque la bobine fonctionne, les sphères S et S′ formant capacités se chargent, elles sont portées à des potentiels égaux et de signe contraire rapidement croissants. La coupure ab empêchera les conducteurs de se décharger, mais dès que la différence de potentiel devient suffisante, une étincelle éclatera à la coupure, cette étincelle rendra l'air conducteur, elle frayera ainsi un chemin à l'électricité accumulée sur les sphères S et S′, l'excitateur se déchargera donc sur lui-même de façon indépendante, absolument comme s'il n'était pas relié à la bobine, le secondaire de cette bobine constitue, en effet, une dérivation de résistance et de self-induction considérables par rapport à la résistance et la self de l'excitateur.

Dans l'appareil primitif de Hertz, le conducteur SS′ était un fil cylindrique de 150 centimètres de longueur, les sphères de zinc avaient 30 centimètres de diamètre, la fréquence des oscillations atteignait ainsi 5×10^7 par seconde.

Pour explorer le champ de l'excitateur, Hertz se servait d'un cercle de cuivre appelé par lui résonateur ; le cercle présentait une coupure étroite dont les bords (fig. 56) portaient, l'un une petite sphère n, l'autre une pointe mobile m de façon à former un micromètre à étincelles. Par la longueur et l'éclat de l'étincelle produite, on juge de l'intensité de l'action produite en un point. Si l'on donne à ce cercle des dimensions appropriées, on peut arriver à l'accorder avec l'excitateur.

Fig. 56.

Placé dans un champ, ce résonateur devient le siège de courants

induits de fréquence égale à celle des courants auxquels a donné naissance, dans l'excitateur, la décharge oscillante ; convenablement
disposé dans le champ, ce résonateur produira à sa coupure une
suite d'étincelles.

Supposons un excitateur horizontalement placé ; toutes les droites
perpendiculaires en son milieu à l'axe du doublet, auquel schématiquement l'excitateur se réduit, a été appelée *base* par Hertz ; c'est un
axe de symétrie de la figure. Prenons, avec le même auteur, trois
axes de coordonnées rectangulaires : la base horizontale de l'excitateur, l'axe de l'excitateur et la verticale passant par le centre de l'excitateur : dans ces conditions, en astreignant le centre du résonateur
circulaire à rester dans le plan des xy, nous pourrons faire occuper
au résonateur circulaire déjà décrit, trois principales positions que nous
allons énumérer :

Position I. — Le plan du résonateur est perpendiculaire à la base,
c'est-à-dire parallèle au plan des yz.

Position II. — Le plan du résonateur se trouve appliqué sur
le plan des xz.

Position III. — Le plan du résonateur est dans le plan des xy.

Nous remarquerons, dans la généralité des orientations du résonateur, des étincelles au micromètre ; toutefois l'importance du flux
d'étincelles dépendra de la position de la coupure. Ainsi, parmi toutes
les positions I, celle qui fournit le plus d'étincelles correspond au
parallélisme des axes du micromètre du résonateur et de l'excitateur. Si ces deux axes deviennent normaux, le flux d'étincelles disparait.

A toutes les positions II, correspond le silence au résonateur quelle
qu'en soit l'orientation dans le plan des xz.

En aucune des positions III, on ne pourra constater l'absence
d'étincelles ; toutefois, il y aura maximum d'effet quand l'axe du
micromètre, perpendiculaire à l'axe de l'excitateur, coupera (par son
prolongement) cet axe d'excitateur.

Explication du phénomène. — Supposons que l'excitateur SS' horizontal soit le siège d'un courant oscillant ; admettons qu'au moment
considéré (fig. 57), le sens de ce courant soit celui de la flèche F. D'après
la loi de Laplace, il existe un champ magnétique et, en un point m de
la base du doublet, le champ est vertical, dirigé de haut en bas dans
l'hypothèse faite sur le sens de la flèche F.

Autant de fois F change de sens, autant de fois mN change de sens bout pour bout.

Le phénomène ne se limite pas là, car les boules S et S′ sont toujours plus ou moins chargées, suivant le moment choisi dans la phase du phénomène ; en particulier, au moment où le courant, nul dans l'excitateur, va commencer à circuler dans le sens F, la sphère S′ est chargée positivement et S négativement. Ces deux charges créent un champ électrostatique, en tout semblable au champ créé par les deux pôles d'un même aimant (fig. 58) ; les lignes de force, dans l'hypothèse considérée, vont de S′ à S, mais leur sens varie lorsque le signe de la charge de S varie lui-même. Ces lignes de force coupent la base en m_1, m_2, m_3, etc.

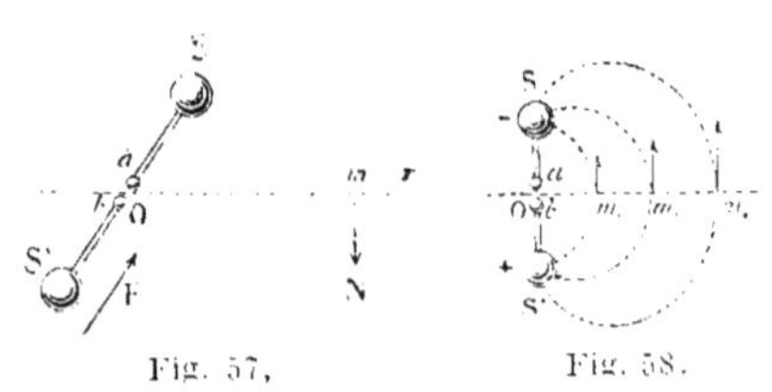

Fig. 57.   Fig. 58.

Nous allons pouvoir nous rendre compte maintenant des expériences décrites au paragraphe précédent. Il y aura à considérer, pour le résonateur, deux forces électromotrices, l'une d'origine électrostatique, l'autre d'origine électromagnétique. La première dépendra essentiellement de *l'orientation de l'axe du micromètre*, mais sera très sensiblement indépendante de l'orientation du résonateur lui-même. Un observateur placé dans le champ de l'excitateur et tenant un sou dans chacune de ses mains pourra, en rapprochant les sous, obtenir des étincelles en se plaçant de façon convenable. La force électromotrice de provenance magnétique sera due à la variation du flux magnétique embrassé par le circuit du résonateur, *l'orientation seule de ce circuit* sera cause efficiente dans le phénomène, tandis que l'orientation du micromètre n'aura aucune influence sur lui.

La théorie de Maxwell doit être préférée aux explications de l'ancienne électrodynamique. — Production d'ondes stationnaires dans un diélectrique. — Toutes les expériences décrites jusqu'ici aboutissent à des résultats *que l'ancienne électrodynamique permettait de prévoir.* Les expériences que nous verrons dans la suite trouveront, *pour la plupart,* une explication basée sur l'ancienne théorie ; nous devons rappeler qu'on a même pu calculer, comme conséquence de la théorie de Kirchhoff, la vitesse de propagation d'une perturbation le long d'un conducteur, de sorte que, jusqu'ici, nous n'avons pas fourni l'*experimentum crucis* susceptible de permettre d'affirmer que la théorie de Maxwell serre plus la vérité que les anciennes théories.

Pour résoudre cette question capitale, Hertz s'est ingénié à obtenir la réflexion du mouvement électrique déterminé par un excitateur, afin de mettre ainsi en évidence le phénomène d'*interférence* électrique ; autrement dit, il a cherché à produire, par réflexion, le phénomène des *ondes stationnaires*.

D'après ce que nous avons vu page 106, les oscillations électriques d'ordre élevé n'intéressent qu'une épaisseur pelliculaire de la surface des conducteurs, de sorte qu'une plaque métallique PQ, disposée à une distance de cinq à six mètres d'un excitateur, joue le rôle, à l'égard des oscillations électriques, d'un corps opaque à ces oscillations (fig. 59). Si l'on déplace un résonateur parallèlement à lui-même le long de la base MO, on n'observe plus, comme dans l'expérience faite sans l'écran métallique, une diminution constante dans l'ampleur du flux d'étincelles, mais on peut constater successivement des régions correspondant à des maxima d'étincelles et des régions où les étincelles, au contraire, deviennent inappréciables.

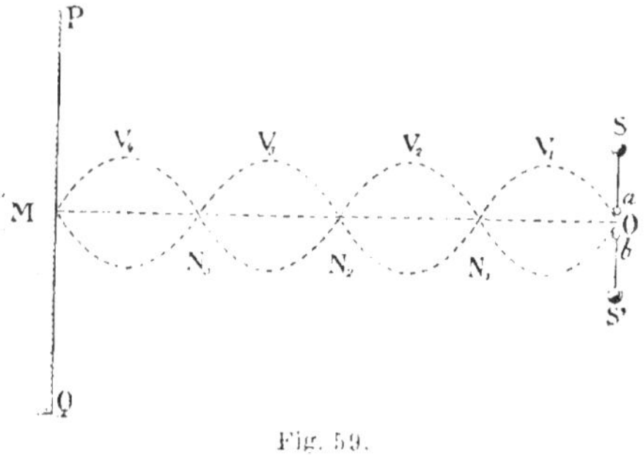

Fig. 59.

On peut réaliser cette expérience en effectuant l'exploration de manière à mettre le résonateur dans les conditions où il pourra se trouver le plus sensiblement impressionné par le *champ électrique* (position n° 1). Si le résonateur est placé contre le miroir PQ, on n'apercevra à la coupure aucune étincelle ; il existe, pour le champ électrique, un nœud en cet endroit. En éloignant le résonateur de l'écran, on voit apparaître les étincelles, elles augmentent d'intensité jusqu'en une certaine position parallèle au miroir, en ce point correspond un ventre pour la force électrique. En continuant, on voit les étincelles diminuer d'intensité jusqu'à disparaître entièrement en un certain point, deuxième nœud obtenu. En s'éloignant toujours progressivement du miroir PQ, on observerait une suite de nœuds et de ventres. On constaterait aussi que la distance séparant deux nœuds successifs est égale à la distance séparant deux ventres successifs et, de plus, que cette distance est constante. Ce sont bien là les résultats mis en évidence dans la théorie des ondes stationnaires.

Refaisons l'expérience en disposant le résonateur dans la position III, en orientant l'axe du micromètre parallèlement à la base ; dans cette disposition le résonateur a la sensibilité la plus grande pour le *champ magnétique*, le champ électrique n'a, de plus, aucune impression sur lui. On trouve encore une suite de nœuds et de ventres, la distance internodale est la même qu'en la précédente expérience. On remarque qu'en chaque point où un ventre se trouvait pour la première expérience, se trouve un nœud dans la deuxième exploration et *réciproquement*.

L'analogie est frappante entre cette expérience et une expérience de Savart sur les ondes sonores réfléchies par un mur.

Nous nous trouvons donc en présence d'un phénomène d'interférence producteur d'ondes stationnaires. Or, les phénomènes d'interférence ne peuvent avoir lieu *avec des vitesses infinies de propagation* ; l'expérience de Hertz permet de tirer la conclusion capitale suivante : *dans un diélectrique, la propagation s'effectue avec une vitesse finie.*

De plus, les constatations relevées sur les distances internodales permettent de conclure que la demi-longueur d'onde a la même valeur, dans la propagation du champ électrique et dans celle du champ magnétique. On sait, de plus, que ces deux vecteurs alternatifs ont la même période T, il en résulte l'identité des *vitesses de propagation v de ces deux champs.* C'est, en somme, *une seule et même onde électromagnétique* qui se propage, en se manifestant, en chaque point, par un champ électrique et un champ magnétique.

Hertz déterminait λ à l'aide de cette expérience, connaissant, de plus la période T de l'excitateur grâce à la formule de Thomson :

$$T = 2\pi \sqrt{\mathcal{L}.C},$$

il en déduisait la vitesse v de propagation, à l'aide de la formule :

$$\lambda = v.T.$$

Quantitativement, l'expérience de Hertz a une valeur très médiocre ;

il obtenait seulement l'ordre de grandeur de v, les résultats sont faussés. du reste. de ce qu'on néglige, en cette expérience, un phénomène révélé par Sarazin et de La Rive, phénomène connu sous le nom de *résonance multiple*.

Ces physiciens ont constaté que toute une série de résonateurs distincts se mettaient à vibrer sous l'action d'un même excitateur, ils en ont conclu que la longueur d'onde mesurée était celle qui correspondait à la *période propre du résonateur*, mais non à *celle de l'excitateur* ; nous insisterons un peu plus longuement, sur ce point, en un prochain paragraphe.

Ce qu'il faut toutefois retenir, c'est que la valeur de v trouvée par Hertz était de l'ordre de grandeur de la vitesse de la lumière.

Hertz a généralisé son expérience en remplaçant l'écran plan en zinc par un cylindre parabolique, obtenu en courbant une feuille de zinc de 2 à $2^m,5$ de hauteur et de $1^m,50$ environ d'ouverture. Hertz remplaçait son excitateur primitif par un appareil plus réduit composé uniquement de deux tiges cylindriques de cuivre de 13 centimètres de longueur et 3 centimètres de diamètre ; ces deux tiges, placées dans le prolongement l'une de l'autre, avaient leurs extrémités en regard munies de boules, c'est entre ces boules qu'on faisait éclater les étincelles.

Hertz disposait l'axe de son excitateur suivant la droite focale du cylindre parabolique ; le résonateur était orienté suivant la ligne focale d'un miroir parabolique constitué de façon identique au premier ; ce résonateur rectiligne composé par un fil droit en laiton de 50 centimètres de longueur et de diamètre égal à 5 centimètres, sectionné au milieu par une coupure munie d'un micromètre pour étincelles. On constatera, au résonateur, des étincelles lorsque *seulement* les plans de symétrie des miroirs sont en coïncidence. Cette condition remplie, si l'on vient à intercaler une feuille métallique sur le chemin du faisceau, le phénomène disparaît, cette expérience montre que les *rayons électriques*, tout comme les *rayons lumineux*, semblent, en apparence, se déplacer rectilignement.

La longueur des ondes obtenues par Hertz était de 6 mètres, lorsqu'il employait son grand excitateur à sphères, la fréquence était alors de 5×10^7 par seconde ; avec le petit excitateur, employé dans l'expérience des miroirs paraboliques, la fréquence devenait voisine de 5×10^8 par seconde et la longueur d'onde se réduisait ainsi à 60 centimètres. Pour mettre en relief des phénomènes généraux rappelant ceux de l'optique physique, il est nécessaire de produire des ondes de 3 à 6 millimètres seulement de longueur.

Excitateurs à faible longueur d'ondes. — Righi a obtenu un excitateur capable de fournir des oscillations d'une fréquence égale à 3×10^8 par seconde. Son oscillateur se composait de deux sphères d'un diamètre égal à 4 centimètres, en cuivre, isolées, mais maintenues à environ 1 millimètre l'une de l'autre. Ces sphères S et S' sont noyées pour moitié dans de l'huile de vaseline (fig. 60), le rôle de cette huile est non seulement d'empêcher l'oxydation des surfaces et, par suite, de rendre

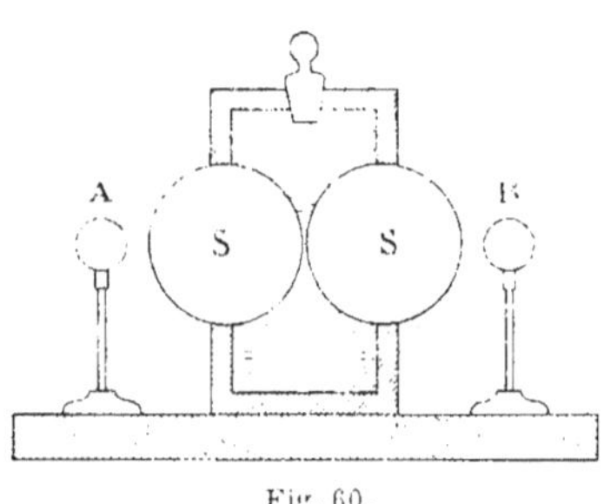

Fig. 60.

les étincelles plus régulières, mais encore, l'huile offrant à l'étincelle une moins grande facilité d'éclatement, on peut opérer avec une différence de potentiel plus élevée correspondant à une dépense plus considérable d'énergie. Les sphères S et S' ne sont pas directement reliées à la bobine de Ruhmkorff, les bornes de cette dernière sont reliées à deux petites boules latérales. A et B, placées à 2 centimètres environ de S et S'.

Lorsque le potentiel explosif a atteint la tension voulue, trois étincelles se produisent, la décharge oscillante est celle qui éclate dans l'huile.

Le résonateur que Righi employait, concurremment avec l'excitateur précédemment décrit, se compose d'une bande très étroite rectangulaire découpée sur une glace argentée, cette bande est sectionnée en deux parties égales par un trait fait au diamant (fig. 61). Des étincelles fort courtes éclatent à la coupure, elles sont peu brillantes et ne peuvent être observées qu'au microscope ou à la loupe.

D'autres excitateurs, plus précis encore, furent proposés par Bose et Lebedew; nous nous contenterons de décrire celui de Lebedew. Cet excitateur se compose de deux petites tiges de platine p et q, de longueur égale à $1^{mm},25$ environ et de $0^{mm},5$ de diamètre, ces tiges

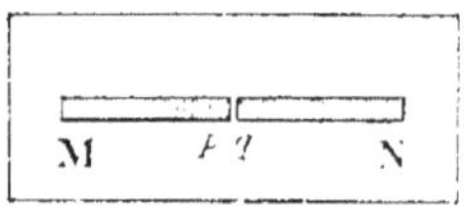

Fig. 61.

sont soudées aux extrémités de deux tubes de verre A et B qu'elles traversent (fig. 62). Ces deux filaments sont disposés dans le prolongement l'un de l'autre à une distance infiniment faible. Ils constituent un système absolument isolé, ils sont chargés par l'intermédiaire de deux fils m et n. pénétrant dans les tubes de verre. en traversant deux bouchons d'ébonite, ces fils m et n communiquent par des étincelles longues des charges aux petits cylindres p et q ; il faut remarquer que la

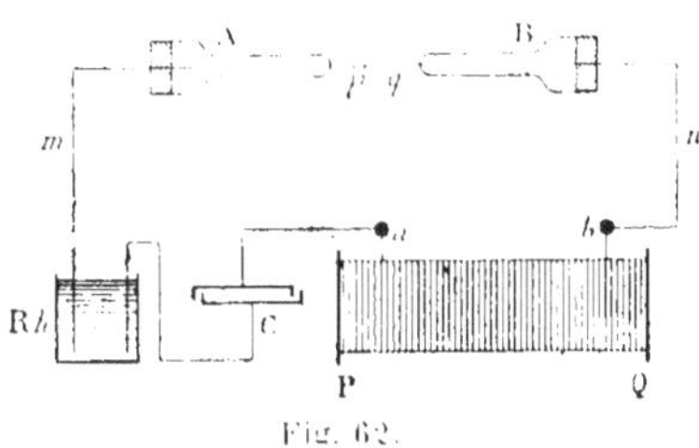

Fig. 62.

présence de la capacité C et du rhéostat liquide Rh permet de conclure à l'amortissement immédiat des longues étincelles de charge émanées de m et de n.

Lebedew utilisait comme résonateur une petite tige métallique de longueur identique à l'excitateur $2^{mm},5$; ce résonateur vibrant avec sa période propre, nous admettrons. comme il est facile de le vérifier. qu'il présente en son milieu un nœud de tension et un ventre de courant. La tige est coupée par le milieu, mais les lèvres de la section sont reliées l'une avec l'autre par deux fils fins, la première de constantan. la deuxième de fer. Le *milieu* de chacun des deux fils fins est relié à une borne de galvanomètre très sensible. Le phénomène oscillatoire échauffe les points de jonction des fils fer et constantan et la production d'une force thermoélectrique est révélée par la déviation du galvanomètre.

L'excitateur est disposé sur la ligne focale d'un miroir présentant la forme d'un cylindre parabolique de 2 centimètres de hauteur et dont l'ouverture est égale à $1^{cm}2$. Le tout est noyé dans un bain de vaseline. La longueur d'onde obtenue était de 6 millimètres et la fréquence atteignait par conséquent 50 billions par seconde. On obtient ainsi des étincelles extrêmement courtes. de 20 microns environ, n'exigeant, malgré la présence de l'huile. qu'une faible dépense d'énergie.

Phénomènes électriques analogues aux phénomènes de l'optique physique. — Nous avons vu que des interférences étaient susceptibles de se produire entre les rayons directement émanés de l'excitateur et ceux qui ont été réfléchis par un miroir en métal. Righi a répété une expérience d'optique de Fresnel en faisant réfléchir les ondes électriques sur deux miroirs métalliques, inclinés l'un sur l'autre d'un très petit angle ; en supprimant l'action du rayon direct par l'interposition d'un écran métallique, il parvenait à obtenir l'interférence des deux rayons réfléchis.

On peut reproduire l'expérience analogue au biprisme de Fresnel, en faisant interférer les deux rayons réfractés d'un même rayon émis par un excitateur à travers deux prismes de soufre.

Les phénomènes de diffraction acquièrent une netteté d'autant plus grande que les longueurs d'ondes sont plus grandes ; avec des ondes électriques, la diffraction se produit avec la plus grande facilité avec une fente, sur le bord d'un écran indéfini. Bose a constitué des réseaux véritables en tendant parallèlement des fils métalliques sur un cadre, il s'est servi de ces réseaux pour l'étude des vibrations électriques ; dans ces *réseaux diffracteurs, la distance des fils doit être plus grande que la longueur d'onde.*

Hertz avait utilisé un réseau de fils métalliques parallèlement tendus sur un cadre en vue de constituer un polariseur pour ondes électriques. Dans ce cas. la distance de deux fils voisins était largement *inférieure* à la longueur d'onde. Un tel système sera opaque aux ondes électriques dont les vibrations s'effectuent dans la direction des fils, il laissera passer, au contraire, sans les absorber, les vibrations normales à cette direction.

Si, sur le trajet du faisceau ondulatoire allant de l'excitateur qui l'a émis au résonateur qui le reçoit, on dispose le réseau de fils, on voit les étincelles disparaître, quand les fils du réseau sont parallèles à l'axe de l'excitateur, tandis que la présence du réseau est sans action, lorsque la direction du réseau est perpendiculaire à l'axe de l'excitateur. Cette expérience rappelle celle que l'on effectue en optique sur une lame de tourmaline.

Bose a substitué au polariseur de Hertz un livre, il a constaté que les vibrations parallèles aux pages sont absorbées de façon intégrale par le livre qui transmet sans altération les vibrations perpendiculaires.

On peut aussi mettre en évidence la double réfraction des ondes électriques. en se servant. comme Righi et Mack l'ont indiqué, de plaquettes en bois dont les sections sont perpendiculaires. ou parallèles, aux fibres.

Lebedew est parvenu à obtenir un véritable *nicol* pour ondes électriques susceptibles de polariser par réfraction un pinceau de rayons électriques ; il sciait un parallélipipède de soufre suivant une direction appropriée, puis recollait les deux morceaux, en interposant, toutefois, une lame d'ébonite.

Somme toute, les expériences qui viennent d'être rappelées, montraient, avec la plus claire évidence, l'analogie parfaite des ondes électromagnétiques et des ondes lumineuses ; la seule différence paraît résider dans l'ordre de grandeur de leur période ou, ce qui revient à la même idée, dans l'ordre de grandeur de la longueur d'onde. La plus *grande* longueur d'onde lumineuse mesurée par Rubens est de 70 μ correspondant à l'infra-rouge du spectre lumineux ; au contraire, la plus *petite* longueur d'onde observée pour les rayons électriques est de 6.000 μ, le rapport est de 90 ; on voit l'intérêt qu'il aurait à trouver des ondes dont les longueurs interpoleraient cet écart encore très large.

Les phénomènes de diffraction électrique se présentent, avons nous dit, avec une extrême netteté, grâce à l'étendue des longueurs d'ondes électriques étudiées ; on trouve l'explication de ce fait que la propagation rectiligne paraît être *expérimentalement* vérifiée pour les ondes *lumineuses*, alors qu'elle est en défaut pour les ondes électriques. H. Poincaré a remarqué qu'il y avait, en ce problème, une question de proportion dans les dimensions des ondes et de nous-mêmes : « *Pour des géants, écrivait-il dans un opuscule intitulé la Théorie de Maxwell, qui compteraient habituellement les longueurs par milliers de kilomètres, c'est-à-dire par millions de longueurs d'onde des excitateurs hertziens ; qui compteraient les durées par millions de vibrations hertziennes, les rayons hertziens seraient tout à fait ce qu'est pour nous la lumière.* »

Il y a aussi d'autres différences : les vibrations électriques conservent, dans un intervalle de temps fini, une orientation constante ainsi qu'on le constate pour la lumière polarisée, tandis que les vibrations lumineuses ordinaires, prennent toutes les orientations relativement au rayon.

Si la source lumineuse n'émet pas la même énergie dans tous les sens, si, de plus, il existe pour un intervalle de temps de l'ordre de la période, un plan correspondant aux maxima d'intensité, l'orientation de ce plan doit varier certainement en 1/10 de seconde un nombre de fois tellement considérable que notre œil ne peut ressentir que l'impression correspondant à un éclairement uniforme. Pour les ondes électriques, nous avons vu, dans l'étude des doublets, qu'une sphère de rayon très grand, ayant pour centre l'excitateur, reçoit l'intensité maximum dans les directions contenues dans le plan diamétral perpendiculaire à l'axe de l'excitateur.

Enfin, les oscillations hertziennes s'amortissent avec une extrême rapidité, elles s'annulent après un nombre grand, mais fini, d'oscillations. Ce sont *des trains d'ondes qui se suivent*, tandis que les oscillations lumineuses ne *s'amortissent pas*, ou très peu, et, c'est par nombre infini qu'on peut les évaluer.

Propagation des oscillations dans un fil. — Dans un diélectrique quelconque, les oscillations se propagent en tous sens, le résultat est qu'elles s'affaiblissent rapidement dès qu'on s'écarte de la source ; il est donc tout indiqué d'obliger ses ondes à se transmettre en côtoyant un fil conducteur.

Pour déterminer dans un fil des oscillations électriques, on peut employer le dispositif suivant : on dispose (fig. 63), parallèlement à une des plaques A de l'excitateur à plaques de Hertz et à faible distance, une autre plaque B à laquelle est fixé le fil LL′ conducteur infiniment long ; LL′ est disposé suivant la base de l'excitateur.

Fig. 63.

Les variations rapides de charges qui se succèdent dans la plaque A pendant les oscillations développent, par influence électrostatique, des charges de signe opposé dans la plaque B.

Soit dq, la quantité d'électricité qui traverse une petite portion de fil de capacité c au temps t, l'intensité moyenne i du courant sera donnée par l'expression :

$$i = \frac{dq}{dt} ;$$

d'autre part. la variation de potentiel dV, déterminée dans la capacité c
par la présence de dq. est fournie par l'expression :

$$dq = c.d\text{V},$$

et, comme conséquence de ces deux égalités, nous tirons :

$$i = c\,\frac{d\text{V}}{dt}.$$

Les courants i engendrent autour d'eux un champ magnétique
oscillant, les lignes de forces de ce champ sont des cercles situés dans
des plans perpendiculaires au fil et dont les centres sont les intersec-
tions du fil et des plans. En disposant convenablement, dans le
proche voisinage du fil, un résonateur de Hertz, on constatera la
présence de petites étincelles au micromètre d'étincelles dues à la
force électromotrice d'induction déterminée, à l'intérieur du résonateur par la variation du champ magnétique.

On peut mettre en évidence, à l'aide d'un résonateur, le champ
électrique déterminé par les variations de potentiel en chaque point du
fil. On peut aussi opérer de la façon suivante : au lieu d'un fil unique,
on utilisera deux fils LL′ et MM′ reliés respectivement à deux plaques B et B′, placées en regard des plaques A et A′, ainsi que l'a indiqué Lecher. La figure 64 donne un schéma du montage.

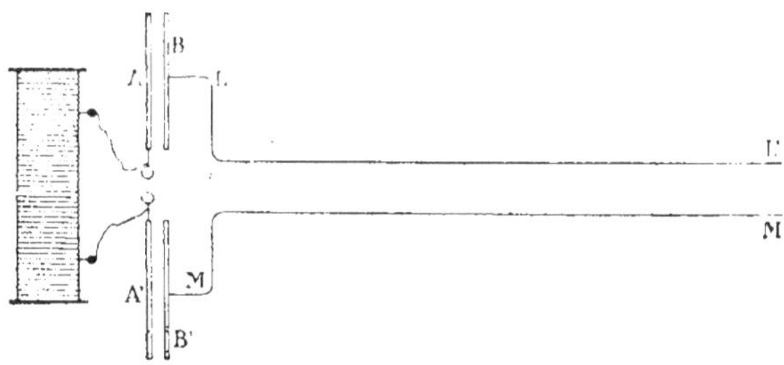

Fig. 64.

Le champ se trouve concentré dans la région de l'espace comprise
entre les fils LL′ et MM′, cette partie du champ a été appelée *champ
de concentration*.

Blondlot a utilisé un procédé d'*excitation électromagnétique* ; son excitateur est constitué par deux fils recourbés (fig. 65) en demi-cercle DD′, ayant chacun une de leurs extrémités terminée par un plateau A ou A′, constituant une sorte de condensateur à air de faible

Fig. 65.

capacité, les autres extrémités de ces deux fils sont terminées par des petites boules entre lesquelles les étincelles éclatent. Autour de cette boucle, s'en trouve une seconde EE′ qui se prolonge par les fils LL′ et MM′, la seconde boucle est isolée de la première par une épaisse gaine en caoutchouc ; entre les fils LL′ et MM′, se trouve un champ de concentration qui sera formé de la manière suivante : lorsque se produisent les vibrations, l'excitateur devient le siège de courants périodiques qui donnent naissance, dans le fil enveloppant, à des courants induits de même période.

Si l'on vient à déplacer le résonateur le long des fils, on constatera que les étincelles deviendront plus fournies en de certains points, alors qu'en d'autres, elles disparaîtront presque totalement ; il est ainsi établi qu'il se produit le long des fils des ventres et des nœuds.

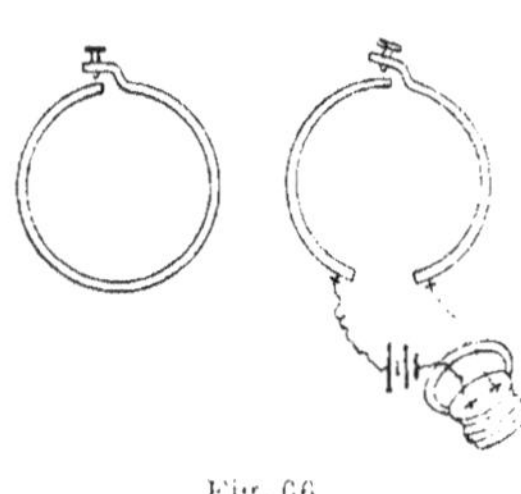

Fig. 66.

Pour observer avec plus d'exactitude ces phénomènes, Turpain a eu l'idée de pratiquer dans un résonateur de Hertz une coupure de quelques centimètres. Un résonateur ainsi sectionné produira les mêmes phénomènes que s'il était entier, à condition d'introduire dans la coupure un circuit contenant une pile et un télé-phone. Quand le résonateur vibrera, l'é-tincelle qui se produira au micromètre (fig. 66) bouclera le circuit téléphonique, les interruptions du courant de la pile détermineront, dans le téléphone, un bruit dont l'intensité repérera à l'oreille l'éclat des étincelles, mais avec une plus grande précision que l'observation visuelle directe de ces étincelles.

Résonance multiple. — Hertz supposait que les ventres et nœuds, mis en évidence par l'expérience, indiquaient les concamérations des ondes stationnaires provoquées dans le fil par l'interférence des ondes réflexes et celles émanant directement de l'excitateur. De la détermination de l'internœud, découlerait la mesure de la longueur d'onde et la fixation de la vitesse de propagation.

Comme nous l'avons déjà dit précédemment (page 131), *la longueur d'onde mesurée est celle qui correspond à la période propre du résonateur et non à celle de l'excitateur.* Par de nombreuses expériences, Sarazin et de la Rive ont établi que la distance de deux nœuds consécutifs était toujours très sensiblement égale à quatre fois le diamètre du résonateur.

Deux explications ont été proposées : Sarazin et de la Rive veulent considérer la perturbation émanée de l'excitateur comme complexe et formée de la superposition d'une multitude de vibrations simples ; la radiation produite par l'excitateur ne serait pas simple, mais composée d'un ensemble de radiations formant un *spectre continu.* Chaque résonateur ne répond qu'à l'une des radiations et reste muet pour toutes les autres.

Bjerkness et H. Poincaré ont donné en même temps une autre explication ; ces auteurs partent de ce fait que les oscillations émises par un excitateur *s'amortissent avec une extrême rapidité*, ainsi que nous l'avons vu page 123. L'ébranlement agit à la façon d'un choc *simple* sur le résonateur qui, ainsi excité, continue à vibrer avec sa période propre, car le résonateur s'amortit beaucoup plus lentement que l'excitateur.

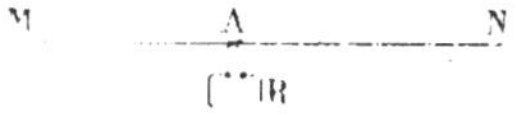

Fig. 67.

Supposons (fig. 67) une perturbation émanant de M passant par A au voisinage duquel se trouve le résonateur R ; à ce moment R entre en vibration et, comme le mouvement vibratoire est *très fortement amorti*, les ondes suivantes n'auront sur R qu'un effet énergétique négligeable. Quand la première onde de l'excitateur, après s'être réfléchie à l'extrémité N, reviendra à passer en A, le résonateur n'aura pas encore cessé de vibrer, cette onde de retour agira sur le résonateur en lui communiquant un ébranlement nouveau ; si le temps écoulé entre le premier et le deuxième passages de l'onde est égal à un nombre exact de périodes, les deux ébranlements s'ajouteront et on aura un ventre ; si, au contraire, le temps écoulé est égal à un nombre impair de fois la demi-période, les deux effets en A de l'onde directe et de la réfléchie seront en discordance, on aura alors un nœud.

En résumé, chaque fois que l'amortissement de l'excitateur sera suffisamment plus grand que celui du résonateur, ce que l'on mesurera comme internœud, ce sera la *demi-longueur d'onde de la vibration propre du résonateur*. Bjerkness, dans une expérience, a trouvé pour valeur du décrément de l'excitateur 0,26 et 0,002 seulement pour valeur du décrément du résonateur. En somme, le *résonateur vibre bien longtemps après l'arrêt de l'excitateur*.

Vitesse de propagation dans un fil des ondes hertziennes. — On est arrivé à déterminer la vitesse de propagation en admettant, ce que prouve indéniablement l'expérience, que la longueur d'onde mesurée dépend *seulement* du résonateur. En effet, si T est la période du résonateur et λ la longueur d'onde du résonateur, on aura :

$$\lambda = \mathrm{V.T},$$

en laquelle V représentera *la vitesse de propagation* le long du fil.

Pour calculer λ, voici comment Blondlot a opéré. Le résonateur fermé choisi était constitué par un circuit rectangulaire filiforme (fig. 68), interrompu par un condensateur plan ; on obtient ainsi un appareil à formes géométrique et électrique bien définies, pour lequel on peut appliquer rigoureusement la formule de Thomson :

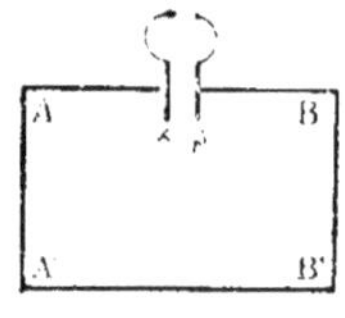

Fig. 68.

$$\mathrm{T} = 2\pi \sqrt{\mathrm{L.C}}$$

pour lequel aussi, on peut déterminer, par le calcul et *rigoureusement*, le coefficient de self, pour lequel généralement on peut mesurer avec précision, à basse fréquence, la capacité par la méthode du commutateur tournant.

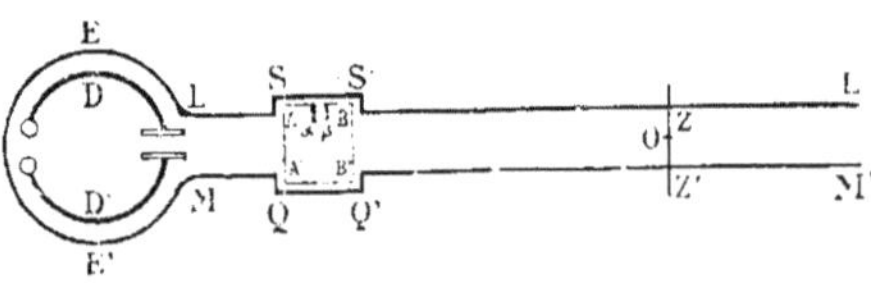

Fig. 69.

Dans les expériences de Blondlot, les fils parallèles très rapprochés étaient excités électromagnétiquement (fig. 69), on les écartait en SS'QQ' pour permettre de loger juste le résonateur ABA'B', de façon à ce que les fils agissent énergiquement sur le résonateur.

Au lieu de déplacer le résonateur en vue de déterminer la position des nœuds ou des ventres, on cherchait, en réunissant les deux fils LL' et MM' par un pont ZZ', les positions du pont qui fournissait les nœuds en $\alpha\beta$. L'effet est évidemment le même que si l'une et l'autre des ondes qui cheminent sur LL' et sur MM' s'étaient réfléchies au point 0 milieu de ZZ' ; quand la position de ZZ, était repérée pour la plus petite distance possible, le double de α0 fournissait la demi-longueur d'onde.

Si l'on reculait ZZ' jusqu'à ce que le phénomène se reproduise, on retrouvait une distance α0 égale cette fois à la demi-longueur d'onde.

Blondlot a opéré avec quatre résonateurs de dimensions différentes.

Les coefficients de self calculés étaient en centimètres :

$$L_1 = 246,66$$
$$L_2 = 518,2$$
$$L_3 = 660$$
$$L_4 = 973,2$$

La longueur d'onde variait entre $8^m,94$ et $35^m,36$.

Les valeurs de v obtenues étaient comprises entre $2,92 \times 10^{10}$ et $3,04 \times 10^{10}$, qui sont, à un centième près, les valeurs trouvées pour la vitesse de la lumière.

D'autre part, Sarazin et de la Rive ont montré que la longueur d'onde le long d'un fil est exactement la même que dans l'air.

La vitesse de propagation dans l'air, comme celle le long des fils, n'est autre que la vitesse de la lumière.

Ondes stationnaires véritables dans les fils. — On peut obtenir des excitateurs moins amortis que ceux de Hertz et de ses successeurs immédiats, ainsi que nous allons l'indiquer plus loin, mais un excitateur aura toujours un amortissement notable, de sorte que les ondes stationnaires *véritables* ne peuvent exister qu'aux environs de l'extrémité du fil ; car, plus près de la source, l'onde de retour ne peut interférer puisqu'elle ne peut plus rencontrer d'ondes directes devenues pratiquement inexistantes. L'étude de ces ondes stationnaires *véritables* à l'extrémité du fil pourra permettre de connaître la forme de la perturbation produite par l'excitateur, mais il sera entendu que, dans ces recherches, *l'usage du résonateur sera proscrit*, car cet appareil ne révèle que des effets secondaires et non les ondes véritables.

Nous résumerons les divers procédés qui ont été utilisés.

On a mesuré l'échauffement produit dans le fil par le courant, cet échauffement est en effet variable puisqu'il est représenté, en les divers points, par un terme proportionnel à $\int i^2.dt$. Rubens utilisait un bolomètre qu'il déplaçait le long des fils et qui décelait les ventres du courant. Jones utilisait une pince thermo-électrique.

On a aussi utilisé les procédés de mesure électrique. Un pont *mobile* étant jeté, près de leurs extrémités, sur les fils parallèles du dispositif hertzien (fig. 70), entre deux points quelconques P et Q du fil, on place un micromètre à étincelles ; le pont étant suivant DE, on règle la pointe mobile du micromètre de manière à obtenir un flux d'étincelles, on note la distance x des points P et Q comptée suivant les fils parallèles de la ligne, on mesure aussi la distance explosive δ ; si on fait varier DE, on pourra construire une courbe :

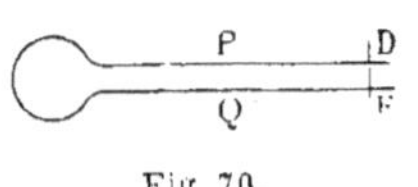

Fig. 70.

$$\delta = \varphi\,(x)\,;$$

on constatera que cette courbe révèle la présence de maxima et minima bien nets, c'est-à-dire l'existence de ventres et de nœuds.

Bjerkness, au lieu de se servir d'un micromètre, utilisait un électromètre monté en idiostatique.

Enfin Lecher, utilisant toujours le dispositif hertzien à deux fils, a eu l'idée de disposer, à poste fixe, un tube à vide T sans électrode entre les deux fils LL′ et MM′ (fig. 71), et de se servir, comme Blondlot,

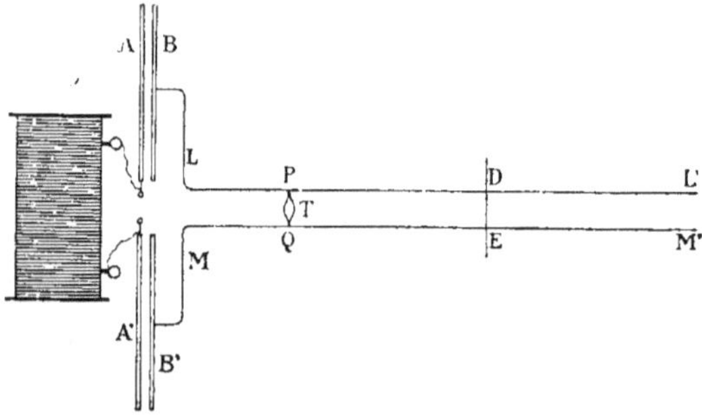

Fig. 71.

d'un pont en fil métallique mobile. L'expérience montre bien la présence de ventres et de nœuds et la distance de deux nœuds consécutifs varie bien avec l'excitateur, sans être affectée par le déplacement du tube à vide.

Dans chacune de ces expériences, on pouvait constater que les phénomènes des ondes stationnaires étaient d'autant moins nets qu'on s'écartait de l'extrémité du fil.

Pour que la démonstration fût complète, il était nécessaire de chercher à refaire l'expérience avec un excitateur moins amorti que les résonateurs destinés à explorer le champ. Pour diminuer l'amortissement considérable de l'excitateur, on a employé le dispositif schématiquement indiqué sur la figure 72 : le premier excitateur E_1 agit,

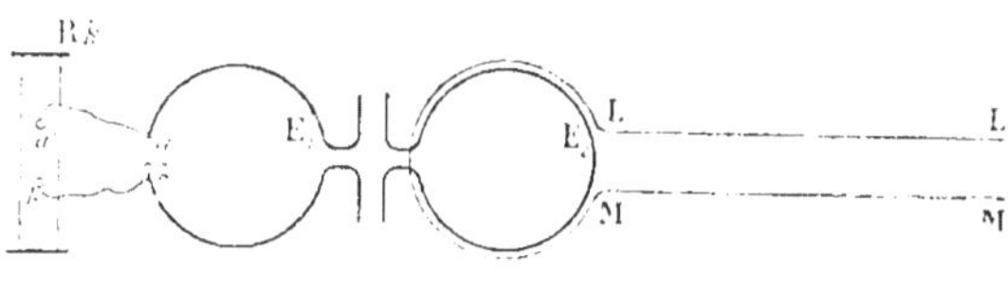

Fig. 72.

par induction électrostatique, sur un deuxième excitateur E_2 *non muni de coupure*, l'énorme perte relative d'énergie du fait de la production de l'étincelle est donc supprimée et l'amortissement diminué. Ce second excitateur E_2 produit la perturbation dans les fils LL′ et MM′ montés suivant la disposition de Blondlot. En augmentant la résistance du résonateur, on diminue sa constante de temps $\frac{L}{R}$, comme le facteur d'amortissement est fonction de $e^{-\frac{R}{2L}t}$, on voit que ce facteur est, par cet artifice, augmenté.

En résumé, en utilisant un excitateur peu amorti du genre indiqué et divers résonateurs résistants, on a trouvé sur les fils des positions invariables pour les maxima et les minima d'intensité et de potentiel. La vitesse de propagation, comme l'avait imaginé Hertz, a été déterminée par Trowbridge et Duane. Elle a consisté à produire des ondes stationnaires dans un système de deux fils parallèles en y excitant, à l'aide d'un excitateur *peu amorti*, des oscillations de période calculée ; ces physiciens ont trouvé comme vitesse de propagation le nombre $c = 3.003 \times 10^{-10}$ centimètres-seconde. Ce résultat est en accord avec celui trouvé par Blondlot. *Ce nombre est égal à la vitesse de la lumière dans le vide.*

Différence entre la résonance acoustique et la résonance électrique. — Un résonateur acoustique vibre très nettement sous l'impulsion d'excitation dont la période est en parfaite égalité avec sa période propre ; c'est le cas de la figure 8, page 29, lorsque ρ ou le décrément logarithmique de l'oscillation est très petit, c'est-à-dire lorsqu'on est en présence d'un mouvement très faiblement amorti. Un tel résonateur reste muet lorsque la période d'excitation et sa période propre diffèrent tant soit peu.

Un résonateur électrique répond très bien aux excitations accordées avec lui, mais il répond encore, un peu moins bien, il est vrai, aux excitations dont la période est sensiblement en désaccord avec sa période propre. Nous sommes dans le cas de la figure 8 de la page 29; lorsque ρ ou le décrément logarithmique de l'oscillation est grand, c'est-à-dire qu'on se trouve en présence d'un mouvement fortement amorti.

Bjerkness ([1]) a donné sur ce problème de la résonance une théorie complète que l'étendue limitée de cet ouvrage ne nous permet pas d'aborder ([2]).

Les communications sans fil. — **Théorie de M. Blondel.** — Les expériences de Hertz montrent la possibilité de transmettre des signaux à distance sans la présence d'aucun fil conducteur reliant le lieu d'où l'émission part au lieu où elle doit arriver.

La télégraphie sans fil eut pour points de départ la découverte, par un savant français Branly, des propriétés du cohéreur et aussi l'idée de Marconi de substituer au condensateur et à la self-induction des circuits oscillants un long fil vertical, auquel le nom d'antenne fut donné. Ce conducteur permet à l'énergie électrique des ondes créées par une décharge oscillante de se répandre dans le milieu ambiant.

On a émis plusieurs théories sur la propagation des ondes dans la télégraphie sans fil, nous ne parlerons ici que de celle de M. André Blondel, qui n'est d'ailleurs qu'une extension de la propagation étudiée dans la théorie de Hertz sur les doublets, théorie que nous avons reproduite dans le corps de cet ouvrage au chapitre V. L'une des boules de

---

(1) Bjerkness. Ueber elektrische Resonanz. *Annalen der Physik*, tome LV, 1895.
(2) Voir *Les Oscillations électriques*, de C. Tissot, Oct. Doin, éditeur, pages 376 et 430.

l'oscillateur se trouvant reliée à la terre, M. Blondel admet que l'antenne doit être considérée comme prolongée, en dessous de la surface de la terre, sur une longueur égale à la hauteur même de l'antenne. Dans ces conditions, on reconnaît qu'on se trouve avoir obtenu un oscillateur de Hertz dont le centre d'ébranlement est la surface de la terre ; si on se reporte à la figure 54, on voit que l'hémisphère contenu dans la terre conductrice ne peut jouer aucun rôle, toute énergie étant absorbée et transformée en chaleur par effet Joule. Reste l'hémisphère supérieur qui conserve la distribution mise en évidence au chapitre des doublets ; on voit que dans le proche voisinage de la terre la force électrique est normale au sol, tandis que la force magnétique est parallèle à ce sol. Si la force électrique ne rencontre aucune aspérité qu'elle doive aborder obliquement, elle restera entière, sinon elle perdra sa composante parallèle à l'obstacle, qui disparaîtra, dans le sol conducteur sous forme de courant. Autrement dit, tant que la force électrique et la force magnétique ne rencontrent pas d'obstacle, elles se transportent suivant la direction du vecteur radiant qui est normal au plan des deux forces électrique et magnétique.

La pratique a montré qu'il était, sinon indispensable, du moins du meilleur rendement de mettre une des boules à la terre ; M. Marconi avait essayé de ne pas s'assujettir à cette exigence, il dut se rendre à l'évidence. La pratique a montré qu'il était même nécessaire de prendre terre au moyen de plaques métalliques de grande surface de 15 à 25 mètres carrés environ ; *le fil de terre* doit être le plus court possible.

M. Marconi avait cru pouvoir énoncer une loi expérimentale reliant la hauteur de l'antenne à la distance d à franchir, il admettait que la hauteur h de l'antenne était exprimée en fonction de cette distance d par la formule :

$$h = k \sqrt{d} \, ;$$

cette loi expérimentale est très *discutable*, d'autant qu'on peut transmettre fort bien avec des antennes inclinées et même avec des antennes horizontales. Toutes choses égales d'ailleurs, l'énergie qui pourra passer de l'antenne au milieu extérieur sera d'autant plus grande que sera grande l'énergie susceptible d'être emmagasinée dans l'antenne ; la première sera évidemment inférieure à la seconde.

L'énergie emmagasinée étant :

$$W = \frac{CV^2}{2},$$

on voit qu'on aura intérêt à augmenter la capacité de l'antenne et à prendre pour V la valeur la plus grande possible ; toutefois, la valeur de V ne pourra être augmentée indéfiniment, car il arriverait à se produire une déperdition par effluves, surtout par *un temps sec*. Cette dernière remarque permettra de conclure qu'il est recommandable de ne pas se servir de fils nus mais de fils *recouverts d'un isolant*.

La mise à la terre augmente la capacité, il est donc naturel que l'effet produit soit plus satisfaisant ; pour augmenter la capacité, il est recommandable d'employer des antennes multiples.

Emission indirecte des oscillations. — En mettant une des boules de l'excitateur directement en relation avec l'antenne et l'autre avec

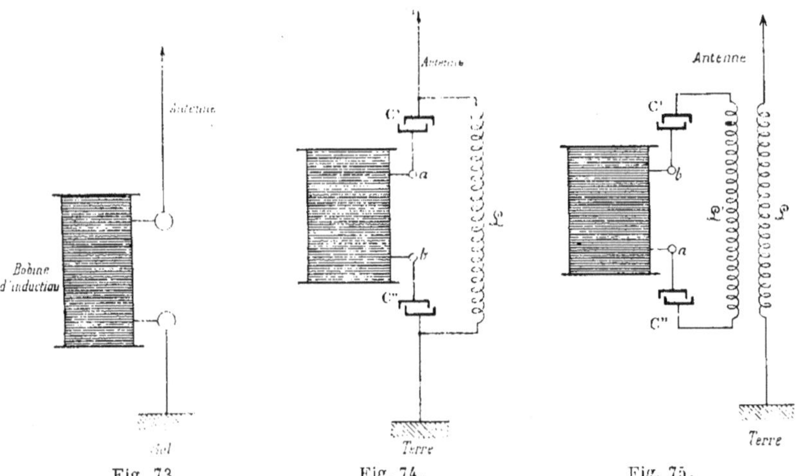

Fig. 73.   Fig. 74.   Fig. 75.

le sol, on obtient un montage direct (fig. 73), qui offre l'inconvénient d'avoir un amortissement considérable ; la première oscillation d'un train d'onde est notable, mais les suivantes tendent trop rapidement vers zéro. Il est préférable de provoquer les oscillations de l'antenne au moyen d'un circuit fermé obtenu, soit par une mise en dérivation, soit par induction ; les figures 74 et 75 indiquent nettement les montages dans chaque cas. L'énergie rayonnée par l'antenne est, par ces procédés, soutenue par celle emmagasinée dans le circuit du vibrateur.

On obtient par ces méthodes indirectes des ondes beaucoup moins amorties que par le procédé direct.

Montage d'un poste de départ. — On peut employer un des deux montages représentés par les figures 76 et 77. La première figure montre que la clé γ étant fermée, le courant ne passera dans le primaire que lorsque le manipulateur sera abaissé ; M est le moteur qui actionne l'interrupteur du se-

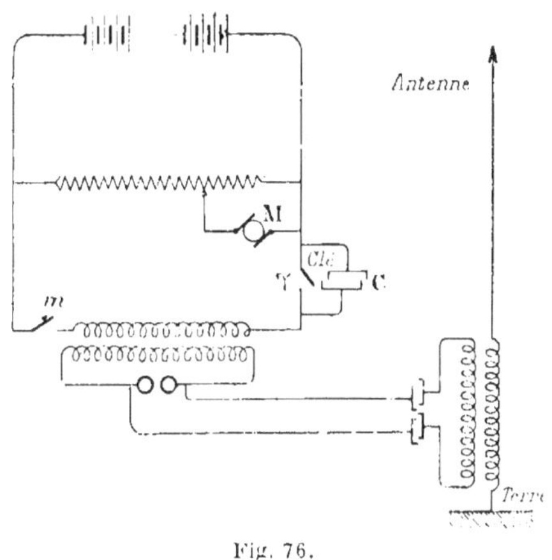

Fig. 76.

condaire du transformateur T, il est pris en dérivation sur un circuit dérivé des accumulateurs. Lorsque le manipulateur est baissé, les trains d'ondes radient leur énergie dans l'espace.

La deuxième figure se comprend aussi d'elle-même : on a remplacé les accumulateurs par une dynamo D, on doit s'appliquer ici à ce que la dynamo conserve le même régime, que le manipulateur soit levé ou qu'il soit abaissé ; on arrive à ce but par l'introduction de rhéostats appropriés R*h*.

On peut aussi se servir d'alternateur, alors l'interrupteur devient inutile ; comme la fréquence est faible, on se servira de

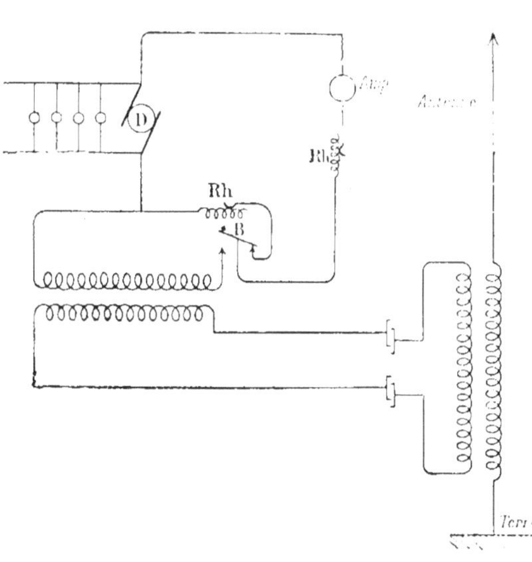

Fig. 77.

transformateurs puissants. On peut également utiliser l'arc de Poulsen.

Enfin les interruptions peuvent être obtenues soit mécaniquement, soit par l'emploi d'un interrupteur de Wehnelt.

Les signaux sont obtenus en appuyant plus ou moins longtemps sur le manipulateur ; le code des signaux est l'alphabet Morse.

Antenne d'arrivée. — Récepteurs. — L'antenne d'arrivée doit être considérée comme isolée à ses deux extrémités ; elle ne communique, en effet, avec le sol que par l'intermédiaire d'appareils de réception possédant une résistance et une self-induction notable bien supérieures à la résistance et à la self de l'antenne. Cette antenne se comportera donc comme un tuyau fermé à ses deux extrémités ; elle vibrera donc en demi-onde, tandis que l'antenne de départ vibre en quart d'onde. Cette antenne vibrera d'autant mieux que sa période propre se rapprochera plus de la période propre de l'antenne de départ, mais, comme nous l'avons vu page 29, nous aurons toujours une vibration à l'arrivée, car nous avons affaire à des oscillations très amorties.

Pour permettre une réception facile, l'énergie radiée reçue par l'antenne étant très faible, on doit utiliser des appareils récepteurs dont le rôle se limitera à celui de relais pour onde, c'est-à-dire déclanchant l'action d'une pile locale. Parmi ces appareils, nous signalerons le cohéreur de M. Branly, le détecteur électrolytique et le détecteur électromagnétique.

Le cohéreur repose sur une découverte très remarquable de M. Branly : la limaille métallique, qui présente une très grande résistance au courant électrique, devient, dès qu'elle est influencée par des oscillations hertziennes, un très bon conducteur ; cette conductibilité persiste quand déjà ont cessé les excitations hertziennes qui l'ont fait naître ; toutefois, un léger choc appliqué au tube contenant la limaille détruit la conductibilité et replace la limaille dans sa situation première.

Pour mettre en évidence les oscillations électriques, il suffira de mettre le tube (fig. 78) contenant la limaille dans un circuit contenant un élément de pile, une sonnerie ou un galvanomètre ; le courant est insensible dans l'état ordinaire, mais se révèle

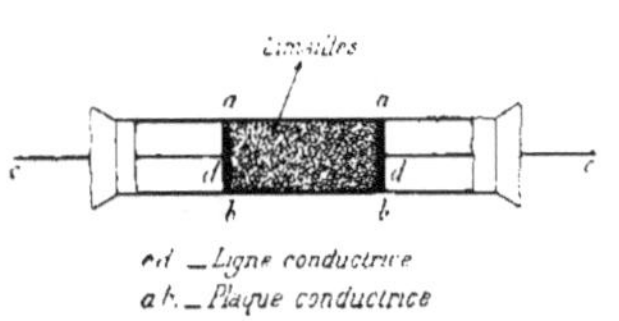

Fig. 78.

très nettement à la moindre excitation hertzienne. La tension critique de ces appareils est comprise entre 0,4 et 1,5 volt, toute tension plus élevée rendrait le phénomène impossible, c'est-à-dire qu'un choc ne décohérerait plus l'appareil.

Le détecteur électrolytique est basé sur le principe suivant : dans un tube de verre est fixée une pointe très fine dont la seule extrémité sort du tube ; cette pointe plonge dans un vase en lequel se trouve une solution étendue de SO^4H^2 ou d'acide azotique. Si cette tige est en circuit avec une pile, le courant ne pourra passer que dans un sens, car si la pointe est anode, elle se polarisera *totalement et immédiatement*. Les ondes électromagnétiques ont la propriété de dépolariser l'électrode et de laisser passer le courant, qui se trouve de nouveau interrompu dès que les oscillations cessent ; la tension critique de ces appareils est 2,5 volt pour l'acide azotique et 1,5 volts pour l'acide sulfurique. Ce détecteur ne se monte pas en série avec l'antenne à cause de sa grande résistance.

Montage des postes récepteurs. — Les figures 79 et 80 donnent les schémas de montage d'un poste récepteur avec cohéreur et d'un poste muni d'un détecteur électrolytique.

La figure 79 montre l'antenne reliée à une borne du cohéreur,

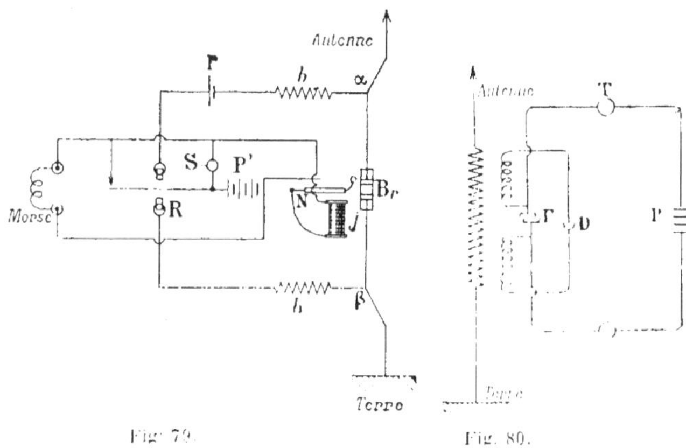

Fig. 79. Fig. 80.

l'autre borne étant reliée à la terre ; la dérivation à partir de α et β se trouve conductrice et met en action le relai *très sensible* R, des bobines de self *b* barrent aux oscillations de l'antenne la route du relais. Ce relais ferme le circuit d'une pile locale P′ qui actionne le récepteur Morse ordinaire et un électro-aimant J qui, attirant le battant N, cause un choc sur le cohéreur, celui-ci est ainsi ramené à son état primitif.

Si le Morse suivait les impressions du relais, il n'enregistrerait que des points, mais on rend l'appareil récepteur un peu inerte de façon à ce qu'il ne retourne au repos, non pas entre chaque train, mais dans l'intervalle de signaux.

La figure 80 représente le montage par induction ; lorsque les ondes agissent sur le détecteur, la pile fonctionne et le courant traverse les récepteurs T, sinon aucun courant ne passe dans ces appareils ; le rôle du condensateur Γ est d'assurer la conservation de la pile en empêchant sa mise en court-circuit.

Nous limiterons à ces quelques détails les descriptions des méthodes de la télégraphie sans fil, nous les avons donnés comme applications de l'étude sur les oscillations ; nous renvoyons, aux fascicules spéciaux, les lecteurs désireux de faire un examen plus approfondi de cette question.

Conclusion. — La théorie de Maxwell, loin de renverser la théorie de Fresnel, ne fait, au contraire, que la compléter d'une façon admirable. Fresnel n'avait étudié que les phénomènes intéressant une faible partie du spectre, ceux pour lesquels les longueurs d'onde sont comprises entre 0,1 μ pour les vibrations ultra-violettes et 70 μ correspondant aux infra-rouges ; Maxwell a physiquement extrapolé, par l'étude des ondes électromagnétiques dont la longueur d'onde minimum actuellement étudiée est de 3.000 μ, mais dont la longueur peut avoir telle grandeur que l'on veut.

En somme, Maxwell a montré qu'entre les phénomènes électriques et les phénomènes lumineux il n'y avait qu'une différence de longueurs d'ondes, mais que ces deux catégories de phénomènes présentaient une suite continue dans leurs propriétés. Tout récemment, l'identification physique certaine des rayons de Roëntgen, d'origine électrique, avec des rayons lumineux dont la longueur d'onde serait de l'ordre de 0,0001 micron, a donné aux théories de Maxwell une confirmation nouvelle.

TABLE DES MATIÈRES

CHAPITRE I

Généralités analytiques sur les phénomènes ondulatoires.

CHAPITRE II

Oscillations électriques.

CHAPITRE III

Théorie de Kirchhoff sur la propagation le long d'un fil.
Vérifications expérimentales.

Pages

CHAPITRE IV

La théorie de Maxwell.

Les équations de Maxwell-Hertz.

Théorème de Poynting.

CHAPITRE V

Etude analytique des doublets.

CHAPITRE VI

Les expériences de Hertz et de ses continuateurs.

Pap., Grav. et Imp. L. GEISLER,
Aux Châtelles, par Raon-l'Étape (Vosges)